여행자를 위한
도시 인문학

가지
KINDS BOOK

목차

제2부

공간의 역사

제 3 부

문화 돋보기

제 4 부

기억해야 할 인물

부록

'걸어서 인천 인문여행' 추천 코스

서문

변화무쌍의 도시 인천을 새롭게 만나다

인천은 어느 한두 가지 용어로 정의하기 어려운 곳이다. 민족의 시원을 이야기할 때 빼놓을 수 없는 강화 마니산의 참성단과 그보다 한참이나 뒤에 있으면서도 인천 역사의 시작점에 올려놓은 문학산 미추홀은 너무나도 모순적이다. 2000년의 미추홀과 5000년의 한민족이 한 도시에서 양립하는 다소 엉뚱한 모양새가 바로 인천에서 빚어지고 있다.

역사적으로 그럴진대 문화적으로는 얼마나 많은 다양성이 뒤섞여 있겠는가. 지금의 광역시청 격인 도호부도 인천과 부평(계양), 강화, 교동 이렇게 4곳에나 있었다. 강화는 도호부보다 큰 개념의 유수부이기도 했다. 또한 강화도는 고려의 40년 수도였으며, 드넓은 바다를 품은 옹진군의 수많은 섬들은 아직도 황해도의 풍속을 잊지 않고 있다.

인천은 신도시의 연속이기도 하다. 강화도는 몽골의 침략군이 닥쳤을 때, 그러니까 800년 전에 이미 개성 피란민들의 신도시로 만들어졌다. 19세기 후반에서 20세기 초반 개항 시기, 지금 중구 일대는 외교와 경제 중심의 신도시로 개발되었다. 현재 인천은 송도, 청라, 영종 3곳이 경제자유구역의 깃발을 내걸고 있다. 강화와 개항장, 인천경제자유구역은 모두 갯벌 매립의 역사를 잇고 있다. 지금의 인천 도심 역시 마찬가지다. 인천에서는 갯벌을 메워 공장지대를 만들었고, 어느 정도 시간이 흐른 뒤에는 그 공단을 밀어내고 아파트단지로 개발하면서 도시를 넓혀 왔다.

'정체성'을 '본디부터 갖고 있는 그 어떤 속성'이라고 규정할 때 인천은 너무나도 많은 '본디'들이 결합해 있으므로 정체성과 어울릴 수 없는 도시다. 하지만 정체성 없는 도시라고 말할 수는 없다. 인천은 보는 이, 말하는 이에 따라 그 정체성이 다르게 나타나는 변화무쌍의 도시다. 바다에서 인천을 보면 해양도시이고, 강화에서는 민족시원의 공간이자 왕도王都로 일컬을 수 있으며, 공단지대에 서면 대한민국 산업화를 견인한 도시다. 또 중구 개항장과 연수구 송도신도시를 잇대어 보면 인천은 해외 기관이 밀집한 국제도시 100년의 공간이다.

인천은 대륙을 향해 두 팔을 떡 벌리고 있는 열린 공간이다. 그런데 지금은 그 절반밖에는 문을 열지 못하는 상황이다.

분단 때문이다. 한강과 임진강, 강화도와 서해5도를 연결하는 물길이 막힌 지 70년이다. 인천은 남북의 가운데에 있으니 사람 몸으로 치면 허리춤의 배꼽에 해당한다. 그 중요한 공간이 반쪽을 쓰지 못하는 반신불수가 되었으니 한반도 전체가 제 기능을 하지 못하는 셈이다.

인천은 고려시대 수도인 개성으로 드나드는 물류의 관문이면서 외교의 핵심공간이었다. 중국 송나라에서 오는 사신들은 영종도와 강화도 앞바다를 지나는 뱃길을 이용했다. 조선시대에도 한강으로 들어가는 배는 모두 강화나 교동에서 밤을 보낸 뒤 물때를 맞춰야 했다. 그리하여 인천을 일컬어 서울의 인후咽喉라 칭하기도 한다.

어느 지역보다 아픔이 많은 도시이기도 하다. 인천보다 전쟁을 많이 경험한 도시가 또 있을까. 여몽항쟁, 임진왜란, 정묘호란, 병자호란, 병인양요, 신미양요, 청일전쟁, 러일전쟁, 6 · 25전쟁, 그리고 끊이지 않는 서해교전까지 인천은 늘 한반도에서 벌어진 전쟁의 최전선에 있었다. 청나라와 일본(청일전쟁), 러시아와 일본(러일전쟁)은 인천 앞바다에서 전쟁을 시작했다. 남의 나라 간에 전쟁을 하는데 인천이 그 신호탄이 되고 심지어 그 땅을 전쟁터로 내어 주어야 했다니 참으로 어처구니가 없다.

임진왜란 시기 대사헌 김응남은 한양을 비롯한 수도권과

중부 지역의 참상을 기록해 선조에 보고했는데 피해가 극심한 지역으로 꼽은 14곳 중 부평이 포함되어 있었다. 왜 부평이 심각한 피해를 입었을까? 임진왜란 초기에 거둔 문학산 전투에서의 승전은 강화도와 서남해안을 잇는 의병 활동에 중요한 계기가 되었다. 문학산을 넘지 못해 서해안 일대를 장악하지 못한 왜군은 그 분풀이를 부평 일대에 가했을 것이라는 게 합리적 판단이다.

전쟁 당사국으로 인천을 거쳐간 국가도 참으로 다양하다. 유엔군 참전 국가를 제외하더라도 몽골, 일본, 중국, 프랑스, 미국, 러시아, 남 · 북한 등 무려 8개국이나 된다. 인천에서 외치는 평화의 목소리는 그래서 더욱 울림이 큰지 모른다.

상처에 새살 돋듯이 아픔을 딛고 다시 일어설 수 있게 하는 것은 인천의 숙명인 듯하다. 6 · 25전쟁이 끝나고 산업화의 물결이 밀려들 때 인천에는 온갖 사람들이 몰려들었다. 그 어려운 환경에도 불구하고 '노동운동'이라는 인간성 회복의 기치를 앞장서 내건 곳도 인천이었다. 구도심에 서면 이곳에서 산업화의 물결이 얼마나 거세게 몰아쳤는지 되돌아볼 수 있다.

공업도시이면서 항구도시이고, 어촌이면서 농촌인 다양성의 도시, 인천을 어떻게 하면 제대로 알릴 수 있을까? 그것도 인문학적으로. 어려운 과제가 아닐 수 없다. 인천광역시와 인천관광공사 홈페이지만 들어가도 다양한 볼거리와 먹거리 등 인천에 대한 이야기들이 망라되어 있다. 하지만 그것들은 어딘지 모르게 허전한 느낌을 준다. 너무 많은 것들이 백화점식으로 나열되어 깊이가 느껴지지 않는다.

연암 박지원은 "수박을 겉만 핥고 후추를 통째로 삼키는 사람과는 맛에 관해 이야기할 수 없고, 이웃 사람의 담비 털옷이 부럽다고 한여름에 빌려 입는 사람과는 계절에 관해 이야기할 수 없다"며 중국의 글을 본뜰 것이 아니라 조선만의 글쓰기를 하라고 말했다.《연암집》에 실린 그의 이 말대로 다른 도시와는 다르면서 인천을 속 깊게 들여다볼 수 있는, 그동안 잘 알려지지 않았던 인천만의 이야기를 담아내는 데 초점을 맞추고자 했다. 하지만 글을 다 쓰고 난 지금 정신을 차리고 다시 보니 개 발싸개 같이 허술하고 보잘것없어 부끄러운 마음이 영 가시지를 않는다. 함께 길을 떠나는 '인천 여행자'들의 질정을 바란다.

여행은 새로움을 얻기 위한 인연 만들기다. 지금 생각해 보면, '여행자를 위한 도시 인문학' 시리즈를 출간 중인 가지출판사 대표가 아무런 연고도 없는 내게 연락한 것도 인연이다. 1995년, 생면부지의 땅 인천에 처음 발 디뎠을 때 내가 이토록 오랫동안 인천을 들여다보는 일을 하게 될 줄은 몰랐는데, 인연은 그때부터 시작되고 있었던 것이다.

인천 인문 지도

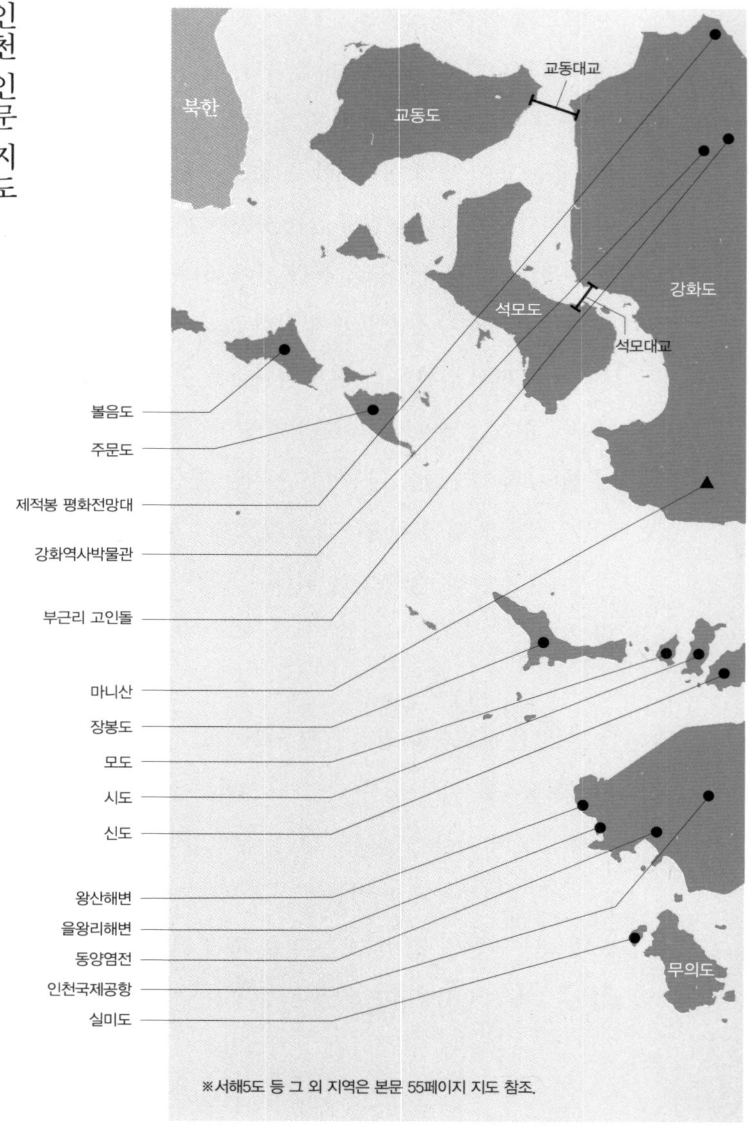

※서해5도 등 그 외 지역은 본문 55페이지 지도 참조.

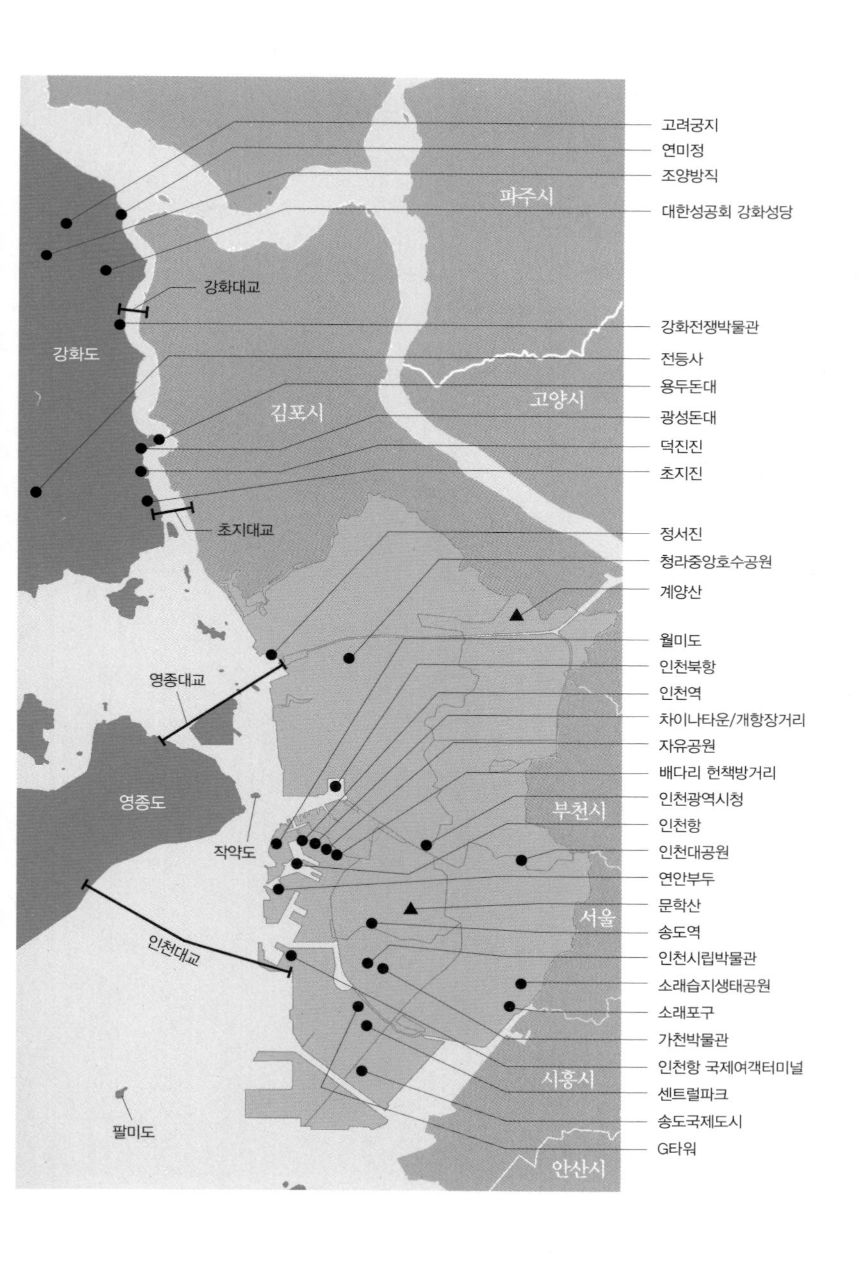

고려궁지
연미정
조양방직
대한성공회 강화성당
파주시
강화대교
강화전쟁박물관
강화도
전등사
용두돈대
고양시
김포시
광성돈대
덕진진
초지진
초지대교
정서진
청라중앙호수공원
계양산
월미도
인천북항
영종대교
인천역
차이나타운/개항장거리
자유공원
배다리 헌책방거리
영종도
인천광역시청
부천시
인천항
작약도
인천대공원
연안부두
문학산
서울
송도역
인천대교
인천시립박물관
소래습지생태공원
소래포구
가천박물관
인천항 국제여객터미널
시흥시
센트럴파크
송도국제도시
팔미도
G타워
안산시

1

인천
크게 보기

인천대교에 서서
자연과 도시의 공생을 생각하다

송도국제도시와 영종도를 잇는 인천대교는 우리나라에서 가장 긴 다리다. 총 길이가 21.4킬로미터, 바다 위에 뜬 부분만 18.4킬로미터다. 총 사업 기간 10년, 공사 기간만 따져도 2005년 7월부터 2009년 10월까지 4년이 넘는다. 사업비가 2조4000억 원가량 투입된 엄청난 역사役事였다.

인천의 대표적 상징물 중 하나인 인천대교를 지나면서 우리는 그냥 바다만 보아서는 안 된다. 영종도 쪽 갯벌과 송도 쪽 갯벌의 차이를 알아챌 수 있어야 한다. 바다 매립이 무엇을 어떻게 바꾸었는지를 한눈에 비교할 수 있는 공간이 인천대교다. 오랜 세월 바다를 통해 드나든 역사歷史도 생각해야 한다. 인천대교 아래 바다에는 물고기만 오고간 게 아니었다. 외세의 침략도, 개항시기 서구의 온갖 문물도 이 다리 아래 바다를 통해 들어왔으며, 우리나라의 수출입 물동량도 바로 이곳을 통해 드나들었다. 인천대교를 지나는 데는 10분이 채 걸리지 않지만 그 짧은 시간에 생각해야 할 게 무척 많다.

바닷물이 빠졌을 때 인천대교에서는 송도국제도시 쪽 해안과 영종도 쪽 해안, 그 둘 사이에 어떤 차이가 있는지를 명확하게 확인할 수 있다. 썰물 때 영종에서 송도 방면으로 달리면 인천대교 요금소를 지나자마자 오른쪽으로 갯벌이 드넓다. 물이 많이 빠졌다면 광활하다는 표현이 맞을 정도로 넓어 갯벌 지대만 1분 30초 이상 달려야 한다. 그리고 이어지는 바다. 인천대교의 상징과도 같은, 800미터 간격을 두고 우뚝 선 주탑 지점이 가장 깊은 곳이다. 높이 238미터가 넘는 주탑과 다리를 연결하는 굵은 케이블은 모두 208개다. 케이블로 다리 판을 비스듬히 매달았다고 하여 이를 사장교斜張橋라고 한다.

주탑을 지나면 영종에서 본 바다의 모습이 다시 보여야겠지만 송도 쪽에는 갯벌이 없다. 그 갯벌은 송도국제도시가 깔고 앉아 있다. 송도국제도시 해안에서는 파도 소리도 들을 수 없다. 철썩철썩, 파도 소리는 해안으로 밀려드는 바닷물이 갯벌을 때리면서 내는 소리다. 송도에서는 갯벌이 사라지면서 바닷물이 일으키는 파도 소리도 함께 사라지고 말았다.

송도 개발 계획은 1979년 공유수면매립 기본계획이 수립되면서 시작되었다. 1984년 송도신도시 구상이 수도권정비기본계획에 포함되었다. 1986년에는 주거기능에 국제업무와 첨단산업단지를 동시에 조성하는 도시계획으로 바뀌었다. 송도지구의 계획상 면적은 53.4제곱킬로미터(1614만 평)이고 수용

인구는 26만4000명이다.

1994년 9월 10일, 송도신도시 기공식이 열렸다. 당시 김영삼 대통령이 행사에 참석했다. 최기선 전 인천시장은 그때 이야기를 자서전 첫 페이지에 실었다. 기공식을 며칠 남기지 않고 예정되어 있던 대통령의 참석에 문제가 생겼다. "인천시 사업에 대통령이 굳이 갈 필요가 있겠느냐"는 일부 중앙 부처 관계자들의 반대 때문이었다. 최기선 시장은 청와대 비서실로 전화를 걸었다. "이건 인천이라는 한 도시의 문제가 아니라 역사적인 대사업입니다. 여의도 면적의 여섯 배가 되는 매립지에 최첨단 정보통신 도시를 건설하는 일입니다. 한국 최대의 공항과 항만을 거느린 세계 전진기지의 첫 삽을 뜨는 날인데, 대통령이 오시지 않으면 안 됩니다."

그렇게 해서 '인천 송도 앞바다 매립 신도시 조성' 기공식에는 대통령이 참석했다. 비가 내렸다. 당시 사진을 보면 YS는 경호원이 우산을 뒤에서 씌어주고 있는데 최기선 시장은 우산 없이 비를 맞고 있는 모습이 인상적이다. 그 뒤로도 대통령들은 송도에서의 큼지막한 행사에 어김없이 모습을 드러냈다. 송도국제도시는 인천뿐만 아니라 대한민국의 매우 중요한 성장 동력으로 자리잡은 것이다.

그런데 우리는 송도국제도시 개발의 역사를 이야기하면서 갯벌과 파도 소리를 함께 말하는 경우가 많지 않다. 20만 명의 사람이 갯벌을 메워 살기 시작하면서 원래 그 자리를 차지하고 있던 2천만의 게, 낙지, 조개, 소라 들이 터전을 잃었다는 점도 우리는 염두에 두어야 한다. 인천대교에서 바라보는 송도, 스포트라이트가 강한 만큼 그 그늘도 짙은 법이다.

인천대교가 송도와 영종을 공간적으로 잇는다면 그 아래 흐르는 바닷길은 오랜 시간을 잇는 역사적 물길이다. 참으로 많은 나라의 전선戰船들이 오고 갔다. 660년 삼국시대, 나당 연합군의 당나라 장수 소정방의 대군이 신라군과 회합한 뒤 이 바다를 지나 백제로 향했다. 1866년 병인양요와 1871년 신미양요도 이 바닷길을 지난 프랑스군과 미군에 의해 저질러졌다. 1875년 운요호 사건 당시 일본군의 공격을 받은 곳이 영종도다. 1894년 청일전쟁과 1904년 러일전쟁 역시 이 바다가 시작이었다.

당시 인천 앞바다는 군사적으로 긴박한 공간이었다. 세계 각국이 인천항에 군함을 파견해 놓고 있었다. 인천에 와 있던 영국계 저널리스트 앵거스 해밀튼(1874~1913)이 기록한 바에 따르면, 1901년 제물포 인천항에는 93척의 군함이 입항해 있었다. 그 중 35척이 일본, 21척이 영국이었다. 러시아는 15척, 프랑스는 11척, 오스트리아가 5척, 독일이 4척이었으며 이탈리아와 미국이 각각 1척씩의 군함을 인천에 보내 놓고 있었다. 이들 파견 군함의 숫자는 그들 나라가 품고 있던 한반도 침략 야욕의 크기와 비례한다고 해도 무방할 듯하다. 국제정세에 발빠르게 대처하지 못한 조선은 나라를 일본에 강탈당하고 말았다.

해방 후 빚어진 6 · 25전쟁 당시 인천상륙작전의 신호탄은 인천대교 바로 앞 팔미도 등대의 장악이었다.

인천대교에서 바닷바람 스치듯 살펴본 전쟁의 역사는, 그때 이렇게 하지 않았으면 나라를 빼앗기지 않았을 텐데, 그때 이렇게 해서 평화를 유지할 수 있었구나 하는 온갖 생각이 꼬리를 물게 한다. 공간을 연결하고 거기에 더해 시간마저 이어주는 인천대교는 그 자체로 전혀 다른 차원의 전쟁기념관으로 삼을 만하다.

문학산 꼭대기는 왜 평평할까

제2경인고속도로 인천 시내 구간을 달리다 보면 문학산을 지나게 된다. 문학나들목이 바로 그 지점이다. 2002년 한일 월드컵에서 한국과 포르투갈의 조별리그 마지막 경기가 열렸던 역사적 공간인 문학경기장도 문학산 자락에 있다.

인천 역사의 시작점도 이 문학산이다. 강화나 옹진, 부평, 계양, 서구 지역은 별도로 생각해야 할 문제지만, '인천의 역사가 2000년이 되었다'고 할 때는 그 연원을 미추홀에서 찾는다. 비류 백제 설화의 시작도 문학산을 중심으로 한다. 16세기 조선 중기의 인문지리서 《신증동국여지승람》의 '인천도호부' 편을 보면 '고적' 항목에서 미추홀彌趨忽을 설명하고 있다. 그 주요 내용은 《삼국사기》에 근거하고 있다.

주몽의 두 아들 중에 맏아들은 비류요 다음은 온조인데, 졸본부여로부터 10명의 신하를 거느리고 남쪽으로 행하니 백성들이 많이 따랐다. 드디어 한산 부아악에 올라 살 만한 땅을 찾았다. 비류가 바닷가에 살고자 하니 10명의 신하가 간하기를, "오직 이 한남의 땅이 북쪽으로 한수를 띠고, 동쪽으로 높은 산악에 의지하고, 남쪽으로 비옥한 소택지대를 바라보고, 서쪽으로 큰 바다가 막혔으니, 천연의 험함과 땅의 이로움이 얻기 어려운 형세입니다. 여기에 도읍을 세우는 것이 또한 마땅하지 않습니까." 하였다. 비류가 듣지 않고 그 백성을 나누어 미추홀로 돌아가고 온조는 10명의 신하를 거느리고 위례성(慰禮城)에 도읍하였다. 오랜 뒤에 비류가 미추홀은 땅이 비습하고 물이 짜서 편안히 살 수 없으므로 돌아와 위례성을 보니 도읍이 정리되고 백성이 안돈되었다. 드디어 부끄럽고 분하여 죽으니 그 신하와 백성이 모두 위례성으로 돌아왔다.

여기서 얘기하는 미추홀이 문학산이라는 게 역사학계의 정설이다. 인천에 사는 사람 입장에서 보면 썩 기분 좋은 얘기는 아니다. 신하들의 만류를 물리치고 인천에 도읍을 세웠던 비류가 끝내 열악한 환경을 이겨내지 못하고 동생이 있는 위례성에 귀부했다고 하니 말이다. 문학산 중턱에 아직도 일부 남아 있는 문학산성은 미추홀고성이나 남산고성으로 불리고, 정상에 있었다는 봉수대는 미추왕릉이라 부르기도 했다. 문학산 일원에서는 고인돌이 여러 기 발굴되었다. 아주 오래전부터 문학산을 근거지로 사람들이 살았음을 보여준다.

비류의 무덤이 있다고도 전해지는 문학산을 가만히 바라보자면 여느 산 같지가 않다. 산의 정상은 대개 뾰족하기 마련인데 문학산은 꼭대기가 잘려나가 편편하다. 나무들이 낙엽을 떨구고 풀들도 자취를 감추는 겨울에는 그 모습이 더욱 선명하다. 도대체 무슨 일이 있었기에 꼭대기가 잘려나갔을까? 그에 대한 시조가 하나 전해진다. 인천 출신 시조시인이자 향토사학자인 소안素眼 최성연崔聖淵(1914~2000)이 문학산에 피어난 들국화를 보고 썼다는 〈들국화 2〉에 '하도 볶이다 못해 산마루도 깎였는데'라는 구절이 나온다. 옛 모습을 차마 잊지 못해 철따라 들국화가 그 골짝에 피어난다는 내용이다.

이 작품은 역사적 사실 하나를 증명해준다. 바로 1959년 시작된 문학산 미군부대 조성공사다. 문학산 꼭대기를 없애버리고 평평하게 만들어 미군부대를 앉혔다. '하도 볶이다 못해'는 미군 내지 미국 당국의 조종을 받는 우리 정부의 위협적 압박이 인천시에 가해졌음을 고발하고 있다. 〈들국화 2〉는 인천 현대사에 매우 중요한 작품이 아닐 수 없다.

문학산 미군부대는 1960년대 초반부터 운용되었다. 이 부대에 근무했던 한국군 병사들의 얘기를 들어보면, 평양을 타깃으로 하는 소형 전술핵을 탑재한 나이키-허큘리스 미사일이 배치되어 있었다고 한다. 미사일의 사거리 200킬로미터는 인천과 평양의 직선거리와 맞먹는다. 문학산이 핵미사일 기지였다니 깜짝 놀랄 일이다. 미군이 떠나고 그 자리를 한국 공군부대가 넘겨받았는데 지금은 비어 있다. 2015년 인천시와 군 당국이 합의해 낮 시간에는 일반인도 산 정상을 드나들 수 있도록 개방했다.

문학산 정상에 올라서도 최성연이 말한 '이 고장 최고최대最古最大의 역사 유적'은 찾을 길이 없다. 미군은 부대 조성공사를 하면서 유물들을 따로 수습하지 않고 그냥 밀어버렸다. 인천시립박물관 초대 관장을 지낸 이경성(1919~2009) 선생이 남긴 자료에 그 흔적이 남아 있어 여간 다행이 아니다. 이 관장은 1949년 인천지역 곳곳에 있는 고적조사를 실시했다. 7회에 걸친 조사 중 첫 번째 지역이 문학산 방면이었다. 이 관장은 당시 봉수대, 문학산정 우물, 안관당安官堂 등 불과 10년 뒤에는 미군부대 조성 공사로 인하여 영영 사라져버릴 문학산 꼭대기의 유적들을 꼼꼼히 살피고 기록해 놓았다. 2012년 인천문화재단이 발간한《인천고적조사보고서》(배성수 엮음)가 그 성과물이다.

이경성 관장의 고적조사 때 지금 생각하면 웃음이 나는 재미난 이야기가 있어 소개한다. 문학산 방면 첫날 조사는 오전 8시에 시작해 오후 7시에 끝났다. 학익국민학교(현 학익초등학교) 뒷산의 고려시대 사찰 학림사지 조사에서 일행은 '연우延祐 4년 3월'이라고 적힌 기와 등을 발견했다. 1317년, 고려 충숙왕 시절의 유물이다. 학익국민학교 6학년 학생 두 명이 발굴작업을 구경하다가 문양이 있는 기와와 물고기 모양의 기와파편 등 다수의 유물을 발견했다. 이 관장은 그 두 명의 학생 이름까지 빼놓지 않고 보고서에 기록했다. 동네 아이들과 어우러져 유적지 발굴을 했다니 요즘 같으면 상상할 수도 없는 일이다.

문학산 주변을 지날 때 산꼭대기가 평평해진 이유도 떠올리고, 문학산과 어우러진 여러 가지 이야기들도 더듬어 살필 수 있었으면 좋겠다.

돈대의 섬 강화는 지붕 없는 박물관

강화도는 돈대의 섬이다. 강화대교를 건너든지, 초지대교를 이용하든지 강화에 들어서서 처음 만나는 역사의 통로는 돈대다. 초지돈대나 용두돈대, 광성돈대 같은 곳은 정비가 잘 되어 있어 관광객들이 끊이지 않는다. 이런 돈대들이 100킬로미터가량 되는 강화도 해안을 빙 둘러 54기나 있었다. 340년 전에 처음 만들어져 조선 말기까지 유지되어 왔지만 지금까지 형태를 제대로 유지하고 있는 것은 30기가 채 되지 않는다.

흥미로운 점은 강화에는 아직도 군부대가 주둔하는 조선시대 돈대가 있다는 것이다. 북한 땅이 마주보이는 강화 북쪽 민통선 내의 7기 정도가 그것이다. 조선의 군사들이 지키던 그 자리에서 대한민국 해병대가 경계를 서고 있다니! 17세기 숙종 임금 때 쌓은 시설물을 우리 군이 방어 요새로 이용하고 있다는 사실이 신기할 정도다.

양사면 북성리 996번지 구등곶돈대龜登串墩臺에도 해병대원들이 주둔한다. 1679년(숙종 5년) 축조된 네모난 방형 돈대로, 둘레는 139미터쯤 된다. 허리를 숙여야 걸어 다닐 수 있을 정도로 낮은 입구를 지나면 안내판이 나온다. 이곳을 진지로 쓰고 있는 해병대원 외에는 볼 사람이 없는데 한글과 영문 두 언어로 친절하게 써 놓았다. 내용은 다음과 같다.

> 돈대란 외적의 침입이나 척후활동을 사전에 관찰하고 대비할 목적으로 접경지역 또는 해안지역에 흙이나 돌로 쌓은 소규모의 방어 시설물을 말한다. 숙종 때 강화 전 해안을 하나의 방위체제하에 운영하고자 돈대를 설치 운영하게 되었다.
>
> 구등곶돈대는 지형 이름에서 나타나듯이 거북이가 기어오르는 듯한 매우 특이한 지형에 설치되어 있고, 전면과 좌우 측면으로 개

초지진 초지돈대.

©Stock for you / Shutterstock.com

펄이 매우 잘 발달되어 있어 외적 방어에 매우 유리한 지형적 특성을 지니고 있다.

구등곶돈대 입구에서부터 해병대가 지키고 있음을 대번에 알 수 있다. 남쪽으로 하나밖에 없는 입구에 해병대원 이름표처럼 빨간 푯말로 '머리 조심'이라고 써 붙여 놓았다. 옛 기록을 보면 '구등돈은 둘레는 90보이고, 성가퀴•는 46개이다. 북쪽으로는 작성돈과의 거리가 500보이다. 배를 댈 수 있다'고 되어 있다. 여기서 옛날 길이 측정 단위인 90보는 요즘으로 치면 139미터 정도 된다는 것도 알 수 있다. 조선시대에는 이런 식으로 강화도의 각 돈대를 연결시켜 방어할 수 있는 시스템을 갖추고 있었다. 돈대에는 포를 비롯한 각종 무기도 배치해 놓았다.

강화도는 고려시대부터 어떠한 외침에도 왕실의 안위를 지켜줄 보장지처保障之處로 인식되었다. 1231년 몽골군이 침략하자 고려는 그 이듬해에 수도를 개성에서 강화도로 옮겼다. 초원과 산악지대에서만 활동해온 몽골군은 바다 건너 상륙전을 치를 수 없을 것이라고 판단했기 때문이다. 이후 강화도는 38년간 전시수도로 기능했다. 강화도를 제외한 한반도 전역이 몽골군의 말발굽 아래 초토화되었다.

• 성 위에 낮게 쌓은 담. 여기에 몸을 숨기고 적을 감시하거나 공격한다.

고려 왕실이 수도를 옮겨가자 개성에 살던 대다수 주민들도 강화도로 이사했다. 그때 이주한 인구가 10만 호 이상 수십만 명에 달할 것으로 전문가들은 추산하고 있다. 갑작스럽게 인구가 폭증했으니 식량난은 불 보듯 뻔했다. 농지 마련이 급선무였기에 대규모 간척사업이 시작되었다. 한반도 간척사업의 효시를 강화도로 꼽는 이유다.

고려시대 강화도 해안선은 지금보다 훨씬 굴곡이 심했다. 톱날처럼 들쭉날쭉해 배를 타고 침입하기 어려운 구조였다. 간척사업이 대대적으로 펼쳐지면서 2개의 섬이 하나로 연결되기도 하고 해안선도 완만하게 바뀌었다. 그만큼 농경지는 늘어났다. 현재 강화도 면적의 30퍼센트 정도는 간척지가 차지한다는 분석도 있다. 고려 때 즉, 고릿적에 강화에서 시작된 갯벌 매립의 역사는 현대로 넘어와 인천의 신도시 개발로 이어졌다. 송도, 영종, 청라와 같은 신도시가 모두 갯벌을 메워 만들어졌다. 인천항 부지 주변도 대부분이 매립으로 형성되었으며 주안공단이나 남동공단 등지도 갯벌을 매립해 조성했다. 인천 곳곳에 매립지 아닌 곳을 찾기 어려울 정도다.

몽골 침략 때 강화도로 피란해 고려 왕실과 집권층을 지켜낸 사실을 잘 알고 있는 조선 역시 강화를 똑같이 여겼다. 하지만 생각만 하고 준비하지 않으면 아무런 소용이 없는 법. 병자호란 때 '강화도로 피하기만 하면 된다'는 안일한 인식으로 나라는 무참히 짓밟히고 말았다. 청나라 군사들이 날개를 달지 않는 이상 강화도를 넘볼 수 없다고 여기던 조선의 장수들은 이미 수군 운용술을 익힌 청나라 군대가 바다로 들이닥치자 걸음아 나 살려라 내빼기에 바빴다. 강화도가 무너지자 남한산성에서 농성하던 인조 임금도 더 이상 버티지 못하고 항복했다. 인조는 1637년 1월 30일 남한산성에서 나와 삼전도 나루터에서 청나라 홍타이지에게 세 번 절하고 아홉 번 머리를 조아리는 삼배구고두三拜九叩頭의 치욕을 당했다.

30여 년 뒤 병자호란의 처참한 기억이 가시지 않았을 때 숙종은 강화도를 요새로 만들기 위한 작업에 착수했다. 그 중심에 강화 해안을 촘촘히 연결하는 돈대 축성 사업이 있었다.

강화도는 지붕 없는 박물관이라 불리기에 걸맞은 공간이다. 청동기시대 대표적 무덤 양식인 고인돌도 강화 부근리의 것이 가장 멋있다는 평가를 받고 있다. 전등사를 비롯해 유서 깊은 사찰도 여럿 있다. 마니산 단군 이야기로부터 시작해 근현대까지 한반도 역사를 날줄로 꿰고 씨줄로 묶어 하나로 이을 수 있는 특이한 이력의 땅이다.

최근에는 서울에서 강화도로 커피를 마시러 오는 사람들도 많아졌다. 강화읍 신문리의 조양방직 공장 건물을 카페로 디자인하자 수도권의 커피 마니아들이 몰려들기 시작한 것이다. 흘러간 시간과 폐공장이라는 낯섦이 주는 독특함에 빠져들었다고 할까.

강화도에 웬 방직공장인가 하는 이들이 많겠지만 강화는

1930년대부터 1970년대까지 대구보다 앞선 우리나라 섬유산업의 본고장이었다. 조양방직과 심도직물, 이화직물 등이 대표적인 강화의 섬유공장이다. 1959년에 나온《경기사전》을 보면, 강화도에만 크고 작은 직물공장이 70개가량 되었다. 이때 조양방직(조양견직)이 210명, 강화십자당직물이 144명, 심도직물이 130명의 종업원을 두고 있었다. 1960~70년대에는 규모가 커지면서 종업원도 크게 늘었다. 심도직물은 한창 때 1200명 넘게 일했다고 한다.

지금은 수건이나 행주를 만드는 영세 소창● 공장 몇몇이 직물산업의 명맥을 이어가고 있다. 요즘 강화도에서는 공장 돌아가는 기계 소리를 듣기 어려울 정도로 산업체 숫자가 줄었다. 강화군이 파악하고 있는 2019년 기준 강화도의 섬유제품 제조업체는 15곳이며, 종업원은 280여 명이다.

● 이불 안감이나 기저귓감 등으로 사용하는 면직물.

조양방직 금고.

심도직물 굴뚝.

강화 염하는 평양 대동강과 연결되어 있다

강화도에 가기 위해서는 염하鹽河를 건너야 한다. 염하, 짜디짠 바닷물이 흐르는 강이라 하여 예부터 그렇게 불렀을 게다. 강화대교와 초지대교, 2개의 다리가 염하를 가로질러 김포반도와 강화를 연결한다. 이 염하를 지나면서 평양의 대동강을 떠올려본다. 염하에서의 신미양요와 대동강에서의 제너럴셔먼호 사건은 동전의 양면처럼 하나로 붙어 있기 때문이다.

1871년 4월 14일, 조선군과 미군의 첫 교전이 있었다. 강화 염하의 손돌목 해역, 조선군은 광성진과 건너편 덕포진에서 미군 함대를 향해 포격했다. 미군은 함포를 쏘면서 퇴각했다. 덕포진의 포군 1명이 사망했다. 신미양요의 시작이었다. 미군은 아흐레 뒤인 4월 23일 초지진 상륙작전을 감행했다. 이어 덕진진을 손쉽게 함락시킨 뒤 광성진 공격에 나섰다. 어재연 장군이 분전했으나 전투력 차이에서 속수무책이었다. 미군은 인근 마을로 가 방화와 약탈을 자행한 뒤 정박지인 월미도 앞 작약도로 되돌아갔다. 미 함대는 5월 16일 자진 철수했다. 신미양요 피해 상황은 조선과 미군 기록이 너무나 다르다. 조선은 아군 전사자 53명, 부상자 24명이라고 보고했지만 미군은 조선군 243명 사망, 미군 3명 전사 · 9명 부상으로 기록했다.

미군 측이 신미양요의 명분으로 내세운 것은 1866년 7월 대동강에서 있었던 제너럴셔먼호 사건이었다. 미국 상선인 셔먼호가 대동강에 침입해 교역을 요구하며 대포를 쏘아대는 등 무력시위를 벌이다 조선의 화공작전에 격침된 사건이다. 배에 타고 있던 토마스 목사 등 여러 명이 화난 평양 주민들에 의해 목숨을 잃었다. 미국은 셔먼호 사건 진상조사를 위해 몇 차례 조선에 함대를 보냈다.

미국은 제너럴셔먼호 사건의 진상을 그 사건 2개월 뒤 병인양요를 일으킨 프랑스 측으로부터 전해 들었다. 당시 한반도 상황을 잘 알고 있었던 프랑스가 미국에 고자질한 셈이다.

병인양요는 1866년 9월 프랑스 로즈 제독이 군함 7척과 1천여 명의 병력을 이끌고 강화도 갑곶진에 상륙, 강화성을 점령해 금은보화와 각종 문서, 서적 등을 약탈한 사건이다. 양헌수 장군의 공격을 당한 프랑스군은 더 이상 버티지 못하고 침략 1개월여 만에 인천 앞바다에서 철수했다. 프랑스는 9월의 강화도 침략에 앞서 8월에도 한강 깊숙이 침입해 왔다. 서강 어귀까지 왔다가 모래톱에 좌초되어 물러났다. 그때 1개월 전 대동강에서 있었던 셔먼호 사건을 전해 들었고, 중국 체푸항으로 돌아가 미군 측에 이 내용을 전달했다.

미국의 로우 공사와 로저스 제독은 군함을 이끌고 강화도 해협에 나타나 셔먼호 사건의 책임을 추궁하며 신미양요를 일으켰다. 역사적 사건은 우연히 일어나는 것이 아니고 절대로 혼자 오지도 않는다. 서로 얽히고설킨 관계들과 연관되어 있다. 국가 간 외교의 중요성은 어제오늘이 다르지 않다는 교훈을 우리는 이들 제너럴셔먼호 사건과 병인양요, 그리고 신미양요에서 배울 수 있다.

제너럴셔먼호 사건과 관련해 우리가 잘 알지 못하고 있던 사실을 19세기 우리나라에 와 있던 서양 선교사들의 입을 통해 확인할 수 있다. 1890년대 초반 평양지역을 무대로 의료 선교 활동을 벌였던 윌리엄 제임스 홀(1860~1894)이 그의 부인 로제타 홀에게 한 이야기가《닥터 홀의 조선회상》이란 책에 언급되어 있다.

닥터 홀은 아내에게 1866년 이 강에서 항해의 마지막 운명을 맞았던 제너럴셔먼호에 대한 이야기를 들려주었다. 당시 홍수와 만조로 수위가 높았는데 셔먼호는 그것을 잘못 알고 보산을 지나 더 상류로 올라갔다. 닥터 홀은 평양의 대동문에서 셔먼호의 닻과 체인이 걸려 있는 것을 봤다고 아내에게 들려주었다. 조선 사람들은 그 물건들을 서양 배의 운명을 생생하게 상기시켜주는 전리품처럼 전시하고 있었다.

철저히 서구적 시각으로 바라보고 있다. 여기서 우리가 의미심장하게 들여다봐야 할 대목은 침몰한 셔먼호의 닻과 체인 등을 건져내 대동문 위에 걸어놓고 오가는 사람들이 볼 수 있도록 전시하고 있었다는 점이다.

그 대동문이 어떤 곳인가. 조선 후기 문인 신광수(1712~1775)는 세상을 떠나기 1년 전에 《관서악부關西樂府》를 지었다. 그는 여기에 평양을 유람하며 읊은 〈죽지사竹枝詞〉 108수를 담았는데 제64수가 바로 대동문루다. 신광수는 대동문루를 '하늘 가운데 두둥실 떠 있는 것'으로 묘사했다. 대동문은 홍건적 침입 때 불에 탔으나 조선이 건국된 뒤 다시 만들었다. 장삿배가 대동문 앞에 정박해 물자를 교역하는 등 평양성으로 들어가는 대표적 성문이었다.

1997년 북한을 방문한 유홍준 교수는 《나의 북한 문화유산 답사기》에서 평양의 정문답게 늠름한 기상이 서린 성문이라고 말했다. 유홍준 교수와 비슷한 시기에 평양에 갔던 최창조 교수는 쑥섬 근처 대동강가에서 '셔먼호 사건 기념비'를 보았다고 《최창조의 북한 문화유적 답사기》에 썼다. 나도 2007년에 평양을 방문한 적이 있는데 대동문도 '셔먼호 기념비'도 보지 못했다. 그때 그것들을 보았더라면 이 글을 쓰는 데 큰 도움이 되었을 텐데 하는 아쉬움이 크다.

염하를 포함하는 인천 앞바다와 대동강은 분단 이전 하나의 물길로 연결되어 있었다. 그걸 다시 복원하는 일은 이제 우리의 몫이다.

서울과 평양을 잇는 중간지대
제물포

제물포는 옛 인천의 이름이기도 하다. 지금으로 치면 월미도와 올림포스호텔 주변의 내항 지역, 자유공원에서 신포동에 이르는 일대를 일컫는다. 개항기 인천을 오가던 사람들은 다들 그렇게 불렀다. 제물포는 1883년 개항한 신항만 도시였다. 해외에서 서울로 가거나 서울서 해외로 나가는 여행객들은 제물포에서 하룻밤을 자야 했다. 우리나라 최초의 호텔이 인천에 들어선 이유다.

1888년 문을 연 대불호텔은 경인철도가 운행을 개시한 1899년까지 호황을 누렸다. 철도가 생기자 여행자들은 항구에서 하루를 더 묵을 이유가 없어졌다. 배에서 내린 뒤 곧바로 기차를 타고 서울로 갈 수 있었기 때문이다. 손님 끊긴 대불호텔은 중국인들이 인수해 요릿집으로 바꾸었다. 중화루다.

인천항, 그러니까 제물포는 이렇듯 서울과 해외를 이어주는 역할만 한 게 아니었다. 서울과 평양을 연결해 주는 중간 지대이기도 했다. 지금 생각으로는 언뜻 납득이 가지 않는다. 백령도나 연평도를 오가는 뱃길도 자유롭지 못한 판에 무슨 평양을 오가는 배가 있었겠느냐 싶다. 육로로 곧바로 가면 되지 굳이 하루를 묵어가면서 인천에서 배를 타고 서울과 평양을 다니느냐고 반문할지도 모르겠다. 그러나 철도가 생기고 고속도로가 뚫리기 전에는 서울과 평양을 육로로 다니는 것이 인천을 거쳐 뱃길을 이용하는 것보다 두 배 정도 먼 길이었다.

실제로 서울과 평양을 인천항 뱃길을 통해 오갔던 얘기를 19세기 한반도에 와 있던 의료 선교사들에게서 들을 수 있다. 윌리엄 제임스 홀 부부는 1894년 갓난아기인 셔우드 홀을 데리고 평양을 방문할 때 제물포~평양 뱃길을 이용했다. 당시 서울에서 평양을 육로로 가려면 1주일 정도 걸렸는데 제물포에

경인철도가 운행되기 전까지
호황을 누린 대불호텔은
새로 지어져
현재 전시관으로 운영 중이다.

서 배를 타면 시간을 절반으로 줄일 수 있었다고 한다.

홀 부부와 동행한 박유산과 에스더 박 부부는 우리나라 의료사에서 빼놓을 수 없는 인물이다. 에스더 박(본명 김점동, 1877~1910)은 미국에서 공부한 첫 한국인 의사이고, 박유산은 부인의 공부를 외조했다. 서재필이 에스더 박보다 먼저 미국에서 공부한 의사였지만 그는 유학 중 귀화한 미국인이다.

홀의 얘기에 따르면, 1920년대 제물포에서 해주로 가는 배편도 있었다. 해주 병원에서 쓸 각종 기구와 보급품을 싣고 출항했다. 배가 오전 6시에 출발했기 때문에 홀 부부는 전날 서울을 떠나 제물포에서 하룻밤을 묵어야 했다. 해주까지는 육로로 가는 길이 어렵지 않았지만 멋진 해안 풍경을 감상하기 위해 일부러 뱃길을 택했다고 전한다.

©DreamArchitect / Shutterstock.com

인천항은 한때 서울과 평양의 중간지대 역할을 했다. 사진은 월미산에서 바라본 인천항 전경.

제물포, 인천항은 이렇듯 남과 북을 연결하는 중요 항구였다. 철길이 놓이기 전에는 서울과 평양의 중간지대 역할을 충실히 했다. 하지만 남북분단과 함께 그 뱃길도 끊기고 말았다. 남과 북이 자유로이 왕래하게 될 때 인천은 다시 그 중간 지대로 기능할 수 있기를 바란다. 이제는 신항에 많은 기능을 내어준 인천 내항에 서서 영종도 방면으로 짙게 물드는 붉은 노을을 바라보며 남북 교통로로서의 인천항을 다시 떠올린다.

인천 어시장의 역사가 녹아든 연안부두의 탄생

프로야구 시즌, 인천 SK행복드림구장 홈경기를 보러 가는 인천 팬이라면 누구나 따라 불러야 하는 노래가 있다. '연안부두'다. 8회 초가 끝난 뒤 1절만 부르고 스피커는 멈추게 되는데 응원석에서는 가만히 있지를 않는다. 누가 시키지 않았는데도 2절까지 합창을 이어가면서 홈팀 사랑의 열기를 공유하고 드높인다.

어쩌다 한 번 오는 저 배는 무슨 사연 싣고 오길래
오는 사람 가는 사람 마음마다 설레게 하나
부두에 꿈을 두고 떠나는 배야
갈매기 우는 마음 너는 알겠지
말 해다오 말 해다오 연안부두 떠나는 배야

인천에서 학창시절을 보낸 작사가 조운파의 노랫말이다.

김트리오의 노래 가락을 따지지 않고 가사만 보더라도 선수들의 흥을 일깨우고 에너지를 충만하게 해야 할 응원가라고는 생각하기 어려울 정도로 슬픈 곡조다. '어쩌다 한 번 오고' '꿈을 두고 떠나고' '갈매기도 울고' '파도도 울고, 나도 울고' '정든 사람은 떠나가고' '불빛은 외롭고' '마음마저 홀로 서 있고'…. 게임이 종반에 접어든 그 절체절명의 시기, '승리'를 말하는 대목은 어느 한 구석에서도 찾아보기 어렵다. 연안부두는 그렇게 만나는 희망보다는 떠나는 아픔과 그리움이 짙게 밴 곳이다. 노래 〈연안부두〉는 그럼에도 불구하고 1982년 프로야구 출범 이후 인천 팀의 응원가로 자리를 내놓지 않고 있다. 부산의 〈부산갈매기〉나 광주의 〈남행열차〉처럼 〈연안부두〉는 야구장에서만큼은 인천을 대표하는 노래로 굳어져 있다.

연안부두는 1970년대 신항으로 조성되었다. 1974년 5월 10일 인천항에 제2선거船渠가 완공됨으로써 인천항 내항은 완전히 폐쇄형 항만이 되었다. 대형 선박들만이 도크를 통해 입항할 수 있게 된 것이다. 500톤 미만의 소형 선박들은 다른 곳에 정박 시설이 필요했다. 이 때문에 제2신항이라고 할 수 있는 연안부두가 건설되었다.

소월미도 남쪽 공유수면 7만6000제곱미터를 매립했다. 이를 위해 여러 정부기관이 참여했다. 우선 건설부가 남북방파제 650미터와 호안 590미터, 잔교 5기, 임항도로 530미터를 축조했다. 인천시는 진입도로와 물양장 150미터 등을 건설했다. 수

협에서도 물양장과 수산센터 1개동, 어물 하역 크레인 3기를 시설했다. 교통부에서는 여객터미널을 세웠다. 군용 선박도 연안부두를 이용해야 했기 때문에 국방부에서도 잔교 시설을 했다. 이렇게 해서 연안부두에는 연안객선부두, 수산센터, 소형어항, 관용부두 등이 한데 모이게 되었다.

연안부두는 제2선거 준공 1년 전인 1973년 5월 1일 완공되었고, 연안여객터미널은 민자를 유치해 건설되었다. 연안부두 어시장은 소래포구 어시장과 함께 사람들이 가장 많이 찾는 수도권 최대 규모 수산시장으로 우뚝 섰다. 이 연안부두에는 인천의 어시장 역사가 녹아 있다. 내항이 있던 인천역 부근 하인천 어시장에서 물건을 팔던 생선장수들이, 연안부두로 어시장이 이전하면서 함께 옮겨 왔다. 1981년 기준 연안부두 어시장 점포 수는 568개였다. 연안부두에는 이곳에서 일하는 사람들을 위한 대규모 아파트도 건설되었다. 하인천에 비하면 연안부두는 그야말로 최신식 시설이다.

하인천 어시장이 성할 때에는 인천역에서 서울로 기차를 타고 다니면서 생선을 파는 아주머니들도 많았다. 인천에서 커다란 고무 대야에 생선을 담은 뒤 냄새 나지 않게 비닐로 몇 겹이나 씌워 머리에 이고서는 서울 마포, 용산, 한남동 등지의 주택가를 돌아다니면서 팔았다. 좁디좁은 하인천 어시장에서는 사람이 붐비다 보니 소매치기도 많았고, 어린아이를 놓고 가는 아동 유기 사건도 잦았다. 자신의 어물전 앞에 버려진 아이를 어쩌지 못하고 데려다 친자식 삼아 키운 생선장수들도 있었다. 어물전에서는 이렇게 버려짐의 아픔과 새로운 만남의 희망이 버무려지기도 했다. 어시장이 연안부두로 옮기고 나서는 그런 일이 크게 줄었다고 한다.

어시장이 있으면 꼭 따라다녀야 하는 장사가 있다. 생선을 부패하지 않게 하는 얼음 장수들이다. 연안부두에는 인천에서 가장 오래된 얼음 장사의 역사를 지닌 가게가 있다. 어시장 바로 옆에 있는 '천일얼음'. 가게를 처음 낸 것은 양계환 할아버지였다. 최첨단 시설을 갖춘 지금의 공장은 그의 아들이 운영한다. 양계환 할아버지는 1960년대 하인천 어시장이 있을 때 자전거를 타고 다니면서 얼음을 팔았다. 큰 덩어리 얼음을 톱으로 잘라 팔던 시절이다. '천일얼음'은 연안부두 어시장이 문을 여는 첫날에 가게 문을 같이 열었다.

인천에는 언제부터 어시장이 생겼을까. 1933년 일본인들이 발행한 《인천부사仁川府史》의 기록으로 그 시초를 유추해 볼 수 있다.

일본인들은 1887년에 조선 정부의 허가를 받아 경기도 남양에서 강화에 이르는 인천 앞바다에서 어로 행위를 시작했다. 일본 어선 15척은 1척당 은銀 10원圓 씩을 1년 수수료 겸 면허세로 냈다. 이렇게 잡은 물고기를 별도의 세금 없이 인천항에서 판매했다. 여기서 시작된 인천 어시장의 역사는 항구의 변천과 함께 연안부두까지 오게 되었다.

연안부두에는 팔미도를 오가는 유람선터미널에 해양광장이 큼직하게 조성되어 있다. 이곳에는 러시아와 관련된 시설물이 설치되어 있다. 1904년 2월 러일전쟁의 서막이 된 제물포해전에서 일본군에 항복하지 않고 함대를 폭침시키면서 버텼던 바랴크호 승조원들을 비롯한 러시아 해군들을 추모하는 기념비와 러시아를 떠올릴 수 있는 상징 조형물들이다. 2011년에 인천시가 만든 상트페테르부르크광장이다.

러시아 상트페테르부르크에도 2019년 7월 개장한 인천광장이 있다. 러시아에 인천광장을 만들고 인천에 러시아광장을 건설하는 등 인천이 러시아와 대한민국 사이의 교류 상징도시로 떠올랐다. 이는 제물포해전 때 스스로 폭침시켜 수장한 바랴크호 깃발과의 인연에서 시작된 일이다. 2010년 인천시립박물관이 소장하고 있던 바랴크호 깃발을 러시아 측에 장기 임대해 준 게 출발점이 되었다. 2013년 11월 13일 저녁에는 블라디미르 푸틴 러시아 대통령이 인천 상트페테르부르크광장을 깜짝 방문하는 세계적인 이벤트를 연출하기도 했다. 러시아 주한대사관은 매년 2월 8일 인천 앞바다에서 바랴크호를 비롯한 제물포해전에서 숨진 러시아 해군들의 넋을 기리는 헌화 행사를 갖는다.

부평에 징용노동자 동상이 처음 세워진 이유

일제에 의해 강제로 군수공장에 끌려와 일해야 했던 징용노동자들을 기리는 동상이 2017년 8월 전국에서 처음으로 인천 부평에 세워졌다. 부평의 인천 육군 조병창造兵廠은 일제가 세운 한반도 최대 군수공장이었다. 부평공원에 세워진 동상은 조병창에서 육체적 정신적 수탈을 당한 노동자들을 위한 조시弔詩이자 조곡弔哭이기도 하다. 부평공원은 일제에 이어 주한미군에 의해서도 군사기지로 징발당해온 부평의 기막힌 역사가 서려 있다.

미군은 해방 직후 그러니까 1945년 9월 8일 한반도에서 가장 먼저 인천에 진주했고, 그 질긴 인연을 아직까지도 이어오고 있다. 인천항에 입항한 미군이 우선 신경을 쓴 곳이 부평이었다. 일본군의 핵심 군수기지가 부평에 있었기 때문이다. 일본군은 1930년대 후반 중일전쟁을 일으키면서 군수기지를 부평에 건설했다. 병장기를 만드는 군 시설이라고 하여 조병창이라고 불렀다. 이 군사시설은 고스란히 미군기지로 전환되었다. 해방과 함께 등장한 미군은 1949년 한반도 철수 이후 1950년 9 · 15 인천상륙작전 때까지 1년여를 제외하고는 부평을 떠난 적이 없다.

일제는 왜 농경지인 부평에 군수공장을 건설했을까. 방대한 중국 땅을 점령하기 위한 전쟁 수행에 부평이 최적지로 평가되었다. 넓은 평야지대인 데다가 부평의 서쪽과 북쪽을 철마산이 둘러싸고 있어 중국 방향에서의 공군 공격을 방어하기에 용이하다는 판단이었다. '조선시가지계획령'(1934년)의 후속 작업으로 '경인시가지계획'이 추진되었고, 일제는 1938년부터 부평 일대에 군수 산업시설을 본격적으로 유치했다. 조병창이 세워지기 전에 먼저 군수 기업 미쓰비시(三菱, 삼릉) 공장이 들어섰다.

부평 조병창에서는 소총, 탄약, 소구경화포탄약, 총검, 수류탄, 경차량 등을 제작했다. 조병창 주변으로는 금속 기계, 자동차, 화학, 식품, 요업 등 크고 작은 공장들이 잇따라 생겨나 이 일대는 거대한 군수산업 도시로 뒤바뀌었다. 인천 육군 조병창은 평양에 있던 평양병기제조소도 관할하는 일제의 해외 군수 거점이었다.

조병창 운영 초창기부터 일했던 노동자의 증언이 인천작가회의가 펴내는 문학계간지《작가들》2019년 봄 호에 실렸다. 주인공은 1925년생 김우식 할아버지. 이상의 인천대 초빙교수가 2017년 8월 두 차례에 걸쳐 충남 청양의 자택에서 할아버지의 얘기를 듣고 그 내용을 정리했다.

김우식 할아버지는 17살 때인 1941년 봄부터 1944년 12월 탈출 시까지 제2공장에서 방아쇠를 만드는 반에 소속되어 연마작업을 담당했다. 3개월간 기능자양성소에서 훈련을 받고 나오면 1~3공장의 부서로 배치되었고, 다른 부서로 옮기지는 못했다. 여러 공정을 다 배우면 조선인이 총을 만들 수도 있기 때문에 같은 일만 시켰다. 시간이 지날수록 공장 규모는 커졌지만 헌병들이 곳곳에서 지키고 있어 직원들은 마음대로 돌아다닐 수도 없었고, 급식도 제대로 안되어 늘 배가 고팠다. 돈을 벌고 싶어 들어갔지만 착취만 당했고, 사직서도 받지 않았다. 3년 6개월을 버틴 뒤 도망쳤고, 우여곡절 끝에 해방을 맞았다. 75년도 더 지난 일이지만 그 시절을 생각하면 아직도 몸서리가 쳐진다고 했다.

그 많던 일제의 군수산업 시설 중 일부는 해방 이후 잠시나마 노동자들이 운영했다. 작가 이규원이 1948년 발표한 소설 《해방공장》● 이 바로 그 이야기를 전해준다. 조병창을 중심으로 하는 군수산업 시설에서 온갖 착취를 당하며 일제의 전쟁물자를 생산해내던 노동자들이 해방을 맞이하고 스스로 공장을

● 1948년 '우리문학' 제10호에 발표한 작품. 3부작 중 1부만 발굴되었다. 1945년 8월 15일부터 10월 1일까지 45일간의 부평 미쓰비시제강 노동자들의 이야기다.

운영해나간 이야기를 생생하게 썼다.

후속편이 발견되지 않아《해방공장》이 미완이 된 것처럼 조병창은 노동자들의 차지가 아니라 미군이 접수해 버렸다. 해방은 되었지만 완전한 해방은 아니었던 것이다.

미군은 조병창 일대에 눌러앉았다. 캠프 마켓, 캠프 하이예스, 캠프 그란트, 캠프 타일러, 캠프 아담스, 캠프 해리슨, 캠프 테일러 등 7개 부대를 주둔시켰다. 제24지원사령부(Army Service Command 24)도 배치했다. 영어로 애스컴(ASCOM)이라고 불렀다. 그 규모가 얼마나 컸던지 도시를 이루고 있다고 하여 아예 '애스컴 시티'로 지칭하기도 했다. 그 애스컴이 1973년 공식 해체되어 많은 부지가 아파트 단지로 바뀌었는데 캠프 마켓은 아직도 남아 있다.

70년이 넘었지만 인천에서 미군이 저지른 일들은 아직도 진상이 밝혀지지 않은 게 많다. 그중에서도 부평에서 벌어진 반공 포로 탈출과 학살 사건이 주목할 만하다. 1953년 6월 18일 전국에서 반공 포로들이 석방된 날 부평의 반공 포로들만 석방되지 못했다. 포로들은 다음날 탈출을 감행했지만, 감시 병력이 한국군 헌병에서 미군 헌병으로 바뀐 뒤였다. 철조망을 넘다 미군의 기관총에 맞아 죽거나 다친 포로가 500명이 넘었다. 탈출에 성공한 포로는 1500여 명 수용자 중 300여 명이었다. 당시 반공 포로로 있던 박종은의 수기《PW-포로수용소생활 1200일 실화》에 전하는 내용이다.

부평의 반공 포로들은 미군기지 건설작업에 동원되었는데, 대통령의 지시에도 불구하고 풀려나지 못하고 미군의 총에 맞아 죽었다. 당시 신문들은 탈출사건 이후 850명이 부평에서 논산으로 이송됐다고 보도했다. 사라진 350명에 대한 진상 규명 없이 묻혀버린 사건이라 마음이 착잡하다.

인천의 울타리는 168개의 섬들이다

인천은 168개의 크고 작은 섬들을 품고 있는 다도해의 도시다. 그중 사람이 사는 유인도가 41곳이다. 옹진군에 23곳, 강화군 12곳, 중구 5곳, 서구 1곳에 2020년 2월 말 기준 18만27명이 살고 있다. 어떤 시인은 섬을 일러 '물울타리를 둘렀다'고 표현했는데, 인천은 섬으로 울타리를 쳤다. 도심을 보호하려는 듯 울타리를 겹겹이 둘렀다.

인천의 섬 중에는 제 이름보다도 '서해5도'라고 뭉뚱그려 불리는 곳들이 있다. '서해 최북단'이라는 수식어가 따라붙고, 북방한계선을 말하는 'NLL'과도 짝을 이룬다. 바로 백령도, 대청도, 소청도, 연평도, 우도가 그 주인공들이다. 우도만 강화군에 속하고, 나머지는 옹진군이다.

우도는 앞에서 얘기한 유인도 41곳에 포함되지 않는다. 하지만 우도에 사람이 살지 않는 것은 아니다. 섬을 지키는 해병대원들이 주둔하고 있다. 무인도로 분류되는 이유는 주민등록

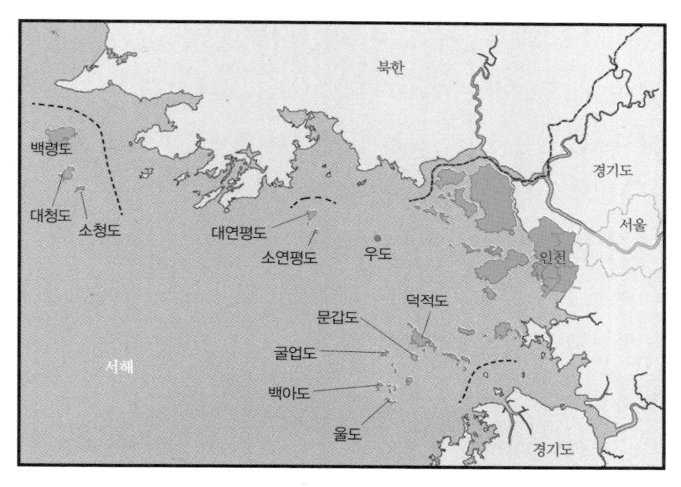

서해 최북단에 자리한 서해5도와 비경을 간직한 덕적군도 등
크고작은 섬들이 인천을 에워싸고 있다.

을 둔 주민이 없기 때문이다. 2009년 3월, 취재를 위해 우도에 들어갔다. 연평도 짜장면집 주인과 중구 신포동 닭강정집 사장의 해병대원 위문 봉사활동에 동행한 것이다. 썰물 때는 갯벌 위를 걸어 북녘을 오갈 수 있을 듯이 가까웠다. 이처럼 지척에서 북한군과 마주하기 때문에 우도의 군인들은 늘 긴장 상태에 있다고 했다. 그러니 짜장면과 닭강정을 푸짐하게 들고 온 봉사단이 얼마나 반가웠을까.

인천에서 뱃길로 4시간 거리에 있는 서해 최북단 백령도는 섬 전체가 천연기념물이라고 할 만하다. 사곶천연비행장, 콩돌해안, 감람암 포획 현무암, 물범, 네 가지는 실제 천연기념물로 지정되어 있다. 사곶천연비행장은 이탈리아 나폴리해안과 더

불어 세계에서 두 곳뿐인 백사장 활주로다. 썰물 때의 활주로는 길이 3킬로미터, 폭 200미터로 나폴리보다 크다. 6 · 25전쟁 당시에는 물론이고 군사통제구역에서 해제된 1989년 초까지 군용비행장으로 쓰였다. 바닷물이 오랜 세월 들락거리며 다져낸 단단함이 얼마나 강한지 대형 비행기가 뜨고 내리는 데 아무런 지장이 없다. 그 천연비행장에서 멀지 않은 곳에 인공비행장 건설 사업이 추진 중이다. 작은 섬에 천연비행장과 인공비행장이 같이 있는 곳이 이 세상 어디에 또 있을까.

콩돌해안에서는 눈 호강만 할 것은 아니다. 백령도의 파도가 오랜 세월 옥처럼 빚어낸 형형색색의 자갈들은 여기가 아니고는 들을 수 없는 천연의 오케스트라 선율을 들려준다. 파도가 밀려들었다가 나갈 때 수많은 자갈들이 살짝살짝 오르내리게 되는데 파도치는 소리와 돌 부딪히는 소리가 참으로 묘한 화음을 낸다.

백령도에서 가까운 대청도와 소청도 역시 수도권에 묶여 있으면서 저 멀리 제주도만큼이나 색다름을 주는 섬들이다. 백령도를 오가는 배편이 두 섬에도 들르기 때문에 백령도와 대청도, 소청도 여행은 하나로 묶어서 하는 패키지 상품이다. 대청도는 울창한 소나무 숲과 함께 섬을 빙 둘러 곳곳에 펼쳐진 해변들이 특별하게 아름답다. 사탄동해변으로 불리기도 하는 모래울해변, 농여해변, 미아동해변, 지두리해변, 옥죽동해변, 답동해변 등은 섬 여행자라면 꼭 둘러봐야 할 곳들이다. 우리나라 최북단에 있는 대청도 동백나무 자생지는 4월 중순에 만개해 절정을 이루는 천연기념물이다. 옥죽동 모래사막은 바닷가가 아닌 산 중턱에 모래언덕이 드넓게 펼쳐진 기이한 장면을 만나볼 수 있는 곳이다. 옥죽포해변의 모래를 바람이 산으로 날려 쌓인 게 사막을 만들었다니 얼마나 오랜 세월이 걸렸을까 싶다.

소청도는 기암괴석의 섬이다. 흰색의 대리석이 띠 모양을 이루는 '분바위 해안'은 밤에 진가를 발휘한다. 달빛에 비치는 모습이 얼마나 뽀얀지 '월띠〈月臺〉'라고도 불린다. 달빛이 없는 그믐밤에도 그 하얀 모습이 빛을 내 밤에 들어오는 배들의 길잡이 역할을 할 정도라고 한다. 이 대리석 띠는 8억7천만 년 전의 지층에서나 볼 수 있는 것들이다.

환경부는 2019년 7월 백령도의 두무진과 대청도 해안사구, 소청도 분바위 등 10곳을 묶어 국가지질공원으로 인증했다. 인천시는 관광 인프라와 프로그램을 마련하고 유네스코 세계지질공원 인증을 추진 중이다.

서해5도의 하나라고는 하지만 연평도로 가는 뱃길은 따로 있다. 인천항에서 145킬로미터, 2시간 30분 정도 가야 한다. 연평도라는 이름은 기차가 달리는 것처럼 평평하면서 길게 뻗친 모양을 띠고 있어 붙었다고 한다. 소연평도와 대연평도로 나뉘는데, 인천에서 가는 배는 소연평도에 먼저 들른다. 소연평도에서는 사람 얼굴 형상을 한 얼굴바위가 먼저 여행객들을 맞이

한다. 대연평도 선착장은 당섬에 있고, 당섬에서 대연평도까지 연륙교로 이어진다.

대연평도의 절경이라면 병풍바위와 가래칠기해변을 들 수 있다. 조기역사관에 올라 북서쪽 해변을 바라보면 자연이 빚어낸 병풍의 아름다움을 만끽할 수 있다. 구리동해수욕장, 등대공원, 빠삐용절벽 등 시간 내서 구경할 만한 명소들이 많다. 2010년 북한군의 느닷없는 포격으로 파괴된 현장에는 안보교육장이 세워졌고, 북녘이 손에 잡히는 망향전망대도 있다. 봄이나 가을에 연평도를 찾는다면 꽃게를 먹어야 한다. '조기의 섬'에서 '꽃게의 섬'으로 변신한 연평도의 꽃게 맛은 도심에서 먹는 그것과는 차원이 다르다.

덕적도와 문갑도, 굴업도, 소야도, 백아도, 울도, 지도 등 덕적군도의 절경도 여행자들의 시선을 사로잡기에 손색이 없다. 소나무 숲이 일품인 서포리해변, 갯바위 낚시에 제격인 소재해변과 밧지름해변, 자갈을 밟으며 해수욕도 즐길 수 있는 능동자갈해변, 덕적군도의 비경을 한눈에 감상할 수 있는 비조봉 등 둘러볼 곳이 많다.

섬 마을 풍경 속에서 자전거 타기를 즐기는 서울 사람들이 많이 찾는 섬은 신도, 시도, 모도다. 섬들이 연도교로 이어져 삼형제섬이라 부르기도 하고 세 섬의 이름자를 하나씩 따 '신시모도'라 부르기도 한다. 영종도 삼목선착장에서 배를 타고 10분이면 신도선착장에 닿는다. 신도선착장 주변에는 자전거 대

여소가 여러 곳 있다. 자동차를 가져오지 않아도 하루 코스로 여행하기에 딱 맞는 에코 섬이라 할 수 있다.

신시모도에 장봉도를 더하면 행정구역으로는 옹진군 북도면이 된다. 그런데 그 이름이 영 어색하다. 옹진군의 북쪽에 있는 섬이란 말인데 신시모도와 장봉도는 옹진군의 동쪽에 있다. 예전에는 신시모도, 장봉도가 강화에 속해 있었다. 1914년 일제강점기에 부천군에 편입되면서 부천군의 북쪽에 있는 섬이라 하여 북도면으로 칭했다. 1973년 경기도 옹진군에 포함되었고, 인천에 속하게 된 시기는 1995년 3월 1일이다. 현재 영종도에서 신도를 거쳐 강화에 이르는 도로개설 사업이 추진되고 있어 앞으로는 배를 타지 않고 신시모도에 오갈 수 있게 될 예정이다.

앞에서 인천의 유인도가 41개라고 했는데 이 중 특이한 이름을 가진 섬이 하나 있다. 40개가 '00도'라고 하여 섬 도島자로 끝나는데 강화군의 '섬돌모루'만은 섬 도 자를 쓰지 않는다. 강화에서 석모대교를 타고 석모도에 들어가면서 오른쪽으로 고개를 돌리면 볼 수 있다. 원래는 무인도였는데 1980년대 후반 이곳에 가족호텔을 비롯한 휴양지로 개발하기 위한 공사가 이루어지면서 관리인이 주소를 옮겨 유인도가 되었다. 5공 시절 정권 핵심부에 있던 사람의 가족이 이 섬을 사들였다. 이후 전기가 들어가고, 전화 회선도 깔렸다. '섬돌모루'란 이름의 회사도 만들었는데, 정권이 바뀐 뒤 1990년대 초반에 이 회사 임

직원 3명이 구속되기도 했다. 섬을 관리하던 이가 세상을 떠나면서 무인도가 되었다가 최근 한 사람이 주민등록을 옮겨 다시 유인도가 되었다. 뒤에서 이야기할 동구의 작약도만큼이나 순탄치 않은 개발 역사를 안고 있는 셈이다.

버거운 삶이 여전한 '난쏘공'의 도시

집에 같은 책을 두 권 갖고 있는 경우가 종종 생긴다. 사 놓기만 하고 읽지 않다 보니 책꽂이 어딘가에 있는 줄을 모르고 또 사는 바람에 빚어지는 일이다. 조세희의 소설집 《난장이가 쏘아 올린 작은 공》(난쏘공)은 경우가 좀 다르다. 오래 전에 구입해 놓았지만 2017년 상반기 한국 문학사상 처음으로 300쇄를 돌파해 기념으로 한 권 더 샀다.

국내 소설 중 손꼽히게 많이 읽힌 《난쏘공》은 1970년대 인천의 노동자 가족 이야기다. 자동차 공장 일이 고되어 잠을 자면서도 코피를 쏟아야 하는 노동자 이야기가 가슴을 먹먹하게 한다. 한 달 월세 1만5000원 쪽방에 사는 가족의 가계부 내역이 고스란히 나온다. 읽다가 책장을 더 이상 넘기지 못하고 한동안 생각에 잠기게 한 대목이 있다. 앞집 아이 교통사고 문병 230원, 길 잃은 할머니 140원, 불우이웃돕기 150원. 520원을 이웃돕기에 쓴 것이다. 두통약 100원, 치통약 120원을 써야 할 정도로 몸까지 불편한 사람이 나보다 더 어려운 이웃을 위해 흔쾌히 주머니를 터는 모습은 당시 우리 사회의 일반적 풍경이었다. 그리 멀지도 않은 30~40년 전 이야기다. 지금 우리 사회는 어떤가.

가계부를 쓰던 《난쏘공》 속 가족은 엄마와 삼남매, 네 식구다. 죽어라 일해서 버는 삼남매의 한 달 수입 총액은 8만231원이었다. 보험료 등을 빼면 엄마가 손에 쥐고 살림할 수 있는 돈은 6만2351원이다. 당시 4인 가족 최저 생계비에도 미치지 못하는 수준이었다. 이런 사람들이 길을 잃고 헤매는 할머니를 그냥 지나치지 못해 주머니를 털어 차비를 댔다. 자신이 불우이웃인 그들이 자신보다 더 불우한 이웃을 돕겠다며 기꺼운 마음으로 성금도 내고 행복해했다.

《난쏘공》은 1978년 6월 초판 1쇄를 출간한 뒤 1996년 6월 100쇄, 2005년 11월 200쇄를 찍었으며 2017년 4월 300쇄를 출간했다. 우리 문학작품 중 300쇄를 출간한 책은 《난쏘공》 이외에는 아직 없다고 한다.

《난쏘공》의 주요 무대로 등장하는 '기계도시 은강'은 영락없는 인천이다. 인천에서는 1883년 제물포항 개항과 함께 본격적인 부두 노동이 시작되었다. 그 뒤 항만 주변에 각종 공장이 들어서면서 산업도시로 자리잡았고 전국의 노동자들이 밀려들었다. 그 속에는 돈벌이에만 급급한, 노동자들의 권리 따위는 안중에도 없는 자본가들이 넘쳐났다. 점심시간 15분에 졸음을

인천국제공항이 있는 영종도와 송도국제도시를 잇는 인천대교는 공간을 연결하고 시간을 이어준다.

'지붕 없는 박물관'이라 불리는 강화에는
전등사를 비롯해 유서 깊은 사찰도 여럿 있다.

불교 경전을 넣은 책장에
축을 달아 돌릴 수 있게 만든
전등사 윤장대.

단군이 하늘에 제를 올리기 위해 쌓았다는 마니산 참성단.
강화는 한반도의 역사를 날줄로 꿰고 씨줄로 묶어 하나로 이을 수 있는 특이한 이력의 땅이다.

청동기시대 대표적 무덤 양식인 고인돌. 강화 부근리의 것이 가장 멋있다는 평가를 받고 있다.

강화에서 맞는 일몰은 카페나 맛집을 찾아
이곳에 오는 관광객들에게 선물처럼
주어지는 장관이다.

덕적군도의 절경은 여행자들의 시선을 사로잡기에 손색이 없다.
비조봉에 오르면 덕적군도의 비경을 한눈에 감상할 수 있다.

소래포구는 수도권에서 많은 사람들이 찾는 관광지다. 갯골 수로의 낭만적 풍경이 인기다.

쫓기 위해 바늘로 팔다리를 찔러가며 야간작업에 투입되어야 했던 노동자들을 보호하기 위한 위장취업의 상징도시도 인천이었다.

온갖 분야의 공장들이 들어선 복합 공장지대였지만, 한국 최고라며 교과서에까지 실렸던 판유리 공장도 인천을 떠난 지 오래다. 많은 공장들이 중국이나 베트남 등 인건비가 싼 해외로 이전했고, 땅이나 건물 임대료가 저렴한 타 지방으로 떠났다. 경제자유구역과 같은 신도시 개발사업이 이어지면서 거기 들어설 아파트단지에 공장들이 밀려나는 형국이다. 그래도 여전히 인천은 수도권 최대 공단지대이자 항만과 공항을 낀 물류도시다.

《난쏘공》의 주요 무대인 인천 동구와 중구 일대를 걷다 보면 1970~80년대 그 활기차던 모습은 오간 데 없이 사라졌음을 대번에 알아차리게 된다. 이제는 그야말로 구도심이 되어버렸다. 그래도 인천은 여전히《난쏘공》의 도시다. 노동자들은 그때나 지금이나 버거운 삶을 살아내고 있다.

은강의 인구가 81만 명이었는데 지금 인천의 인구는 300만 명에 달한다. 50년도 안 되어 도시 규모가 4배 가까이 커졌다. 송도와 영종, 청라로 대표되는 경제자유구역의 도시개발이 인구 증가를 주도했다. 그만큼 인천의 빛과 그림자도 선명해졌다. 지금은 인천의 새로운《난쏘공》을 써야 할 때다.

2

공간의 역사

의병활동의 숨은 거점
중봉대로

인천 동구 송현동의 동국제강에서 시작해 현대제철을 지나 서구 청라국제도시와 경서삼거리로 이어지는 큰 도로를 중봉대로라고 부른다. 중봉대로, 그 이름만으로는 무슨 뜻인지 언뜻 이해가 안 된다. 중봉重峯은 임진왜란 당시 의병장으로 유명한 조헌(1544~1592)의 호다. 최후를 맞이한 700의총이 있는 충남 금산도 아니고 고향인 경기도 김포도 아닌 인천에 어찌하여 중봉 조헌을 기리는 도로 이름을 붙였을까.

중봉과 인천의 관계는 율도栗島라는 섬을 알아야만 이해할 수 있다. 조헌은 임진왜란이 발발하기 전 율도를 농사지을 땅으로 개간하고, 왜군이 몰려오자 그 섬으로 가족들을 들여보내 살도록 한 뒤 자신은 의병을 일으켰다.

일제강점기까지 낚시터로 유명했다는 율도는 매립되어 흔적조차 없어져버렸다. 조헌이 율도를 개간한 내용은 《토정비결》로 유명한 이지함(1517~1578)의 이야기로 알려졌다. 조헌이

상을 당하자 문상을 온 이지함이 "10여 년 뒤에 천하에 반드시 큰 난리가 있어 백성이 참살당해도 이를 감당할 사람이 없을 조짐"이라 말했다. 조헌은 토정의 얘기를 듣고 율도를 개간했다.

조헌은 1571년 홍주(충남 홍성)에 있을 때 이지함의 학식이 대단히 높음을 알고 멀지 않은 곳에 있던 그를 찾아가 사제의 연을 맺고 가르침을 청했다. 이때 이지함은 조헌에게 이이, 성혼 등을 스승으로 삼을 것을 추천했다. 조헌은 율곡 이이를 스승으로 섬기고 '율곡을 떠받드는 후학'이라는 의미로 후율後栗이라는 호도 갖게 되었다. 조헌은 사람을 사귈 때 신분의 귀천을 가리지 않는, 당시로는 파격적인 사고를 가졌는데 이 또한 토정과 율곡에게 배웠음이 틀림없다.

강직한 사림 정신의 소유자 조헌은 개혁론자이기도 했다. 그는 나라가 위급할 때 물러서지 않고 직접 나설 줄 알았다. 그래서일까. 조선 후기 실학자 박제가(1750~1805)는《북학의》〈자서自序〉에서 '나는 어릴 적부터 고운 최치원과 중봉 조헌의 사람됨을 사모하여 비록 사는 시대는 다르나 말을 끄는 마부가 되어 그분들을 모시고 싶다는 간절한 소망을 지니고 있었다'고 했다. 박제가 자신이 얼마나 조헌을 흠모하는지를 밝혀 놓은 대목이다. 실학파의 거장 박제가가 가장 존경했다는 조헌이 개간한 율도를 지금은 가볼 수 없는 게 한없이 안타까울 뿐이다.

율도는 밤톨처럼 생겼다고 해서 그런 이름이 붙었다고 한다. 인천의 향토사학자 이훈익 선생이 1993년에 펴낸《인천지명고》는 '율도는 작약도 동북부에 위치하고 서양 사람들은 '구리르'라 하였는데 이는 프랑스 기함 '규리르호'의 이름을 따서 지어진 이름이다. 이 율도는 일제 때부터 가장 좋은 낚시터로 널리 알려져 있다. 원래 이 섬은 중봉 조헌이 농토로 개척하여 임진왜란 때 그의 가족이 은신 피난한 곳이기도 하다'고 설명한다. 또한 이 섬에 인천화력발전소와 경인에너지 공장이 대규모로 건설되었다고 소개한다. 율도 발전소는 1960년대 후반 공사에 들어가 1970년대 초반 가동을 시작했다. 썰물 때 물이 빠지면 걸어서도 오갈 수 있었다는 섬 율도는 이때부터 섬이 주는 낭만적 이미지를 완전히 잃었다고 할 수 있다.

율도의 주섬인 밤섬은 향나무가 유명했다고 하는데, 그 운명도 참으로 기구하다. 정유공장과 발전소가 들어서기 이전 율도에는 화약고가 먼저 건설되었다. 1900년이다. 한반도에 매장된 각종 광석을 서로 캐내어 가기 위한 서구 열강들의 치열한 경쟁이 있을 때다. 광산 회사들은 채굴용 폭약을 대량으로 들여왔는데 그 하역 장소가 인천이었다. 1889년 연수구 옹암에 독일계 세창양행 화약고가 인천 최초로 들어섰다. 곧이어 미국계 타운센드상회가 율도에 조선 최대 규모의 폭약창고를 설치했다.

조헌과 율도를 이야기할 때 빠트리지 말아야 할 것은 임진왜란 때 인천의 역할이다. 아홉 의병장의 작품집인 《임진년 난리를 당하매》를 보면 〈의병을 일으켜 왜적을 치자〉라는 조헌의

글이 실려 있다. 그 속에 '아, 조선이여! 천우신조로 하여 아직도 서해안 일대가 살아 있다. 나라를 보위하려는 애국적인 백성이 있거니 어찌 목숨을 바쳐 싸우려는 영웅들이 없을쏘냐'란 구절이 나온다. '아직도 서해안 일대가 살아 있다'는 얘기는 왜군이 점령하지 못한 강화도와 문학산 서쪽을 중심으로 한 서해안 라인을 말한 게 아닐까. 실제로 임진왜란 때 강화도는 김천일을 중심으로 한 의병활동의 숨은 거점 역할을 했다.

병자호란에 맞선 민초를 기리다

낙섬사거리

인천 앞바다의 광활한 섬 지역을 관할하는 옹진군청은 섬이 아닌 육지에 있다. 인천광역시 미추홀구 용현동. 옹진군을 이루는 섬들이 백령도나 연평도, 덕적도, 영흥도, 장봉도 등지로 넓게 퍼져 있다 보니 어느 한 곳을 군청 소재지로 삼지 못하고 아예 제3지대라 할 수 있는 뭍에다 세운 게 아닌가 싶다. 옹진군청이 자신의 행정구역이 아닌 다른 동네에 둥지를 틀고 있는 것도 색다른데, 그 주변에는 다소 어리둥절한 지명이 또 있다. 옹진군청 바로 옆 사거리를 '낙섬사거리'라 칭한다. 경인고속도로, 제2경인고속도로, 인천~김포고속도로 등 주요 도로와 연결되는 곳이어서 교통량이 많기로 유명하다.

섬은 볼 수조차 없는데 낙섬사거리라니. 지명은 늘 그 땅의 내력을 알려준다. 이 지역은 몇 십 년 전에 매립된 곳이다. 그 전에는 바닷물이 드나드는 갯벌지대였다. 거기, 낙섬이 있었다. 낙섬은 납섬에서 유래했는데 납섬이라는 말의 유래는 다양하다.

낙섬사거리 근처에는 원도猿島라는 섬이 있었다. 섬이 원숭이 모양처럼 생겨 그렇게 불렀다. 원도에서는 신라 때부터 원도사猿島祠라는 사당에서 해신제를 지냈다. 원숭이를 일컫는 잔나비의 '나비'가 납섬이라고 할 때의 '납'으로 변했다는 설과 제사를 드리다(납 · 納)는 뜻에서 납섬으로 불렸다는 설 중 어느 것이 맞는지 몰라도 지금의 낙섬사거리는 원도에서 유래한 지명인 것만은 틀림없어 보인다. 낙섬사거리 육교 부근에는 '원도사 터'를 알리는 조형물도 세워져 있다.

낙섬사거리에서는 병자호란의 살벌했던 전투 상황도 이야기할 수 있다. 병자호란이라고 하면 보통 남한산성이나 강화도

낙섬사거리에서 의병활동을 한 이윤생과 그의 부인 강씨를 기리는 '이윤생 · 강씨 정려'.

를 떠올리지 용현동 낙섬사거리를 생각하지는 않는다. 용현동에는 2018년 개원한 인천보훈병원이 있다. 그 뒤편 언덕마을 깊은 골목에 '이윤생 · 강씨 정려(李允生 · 姜氏 旌閭)'가 단출히 세워져 있다. 인천광역시 기념물 제4호. 그 안내판에 설명이 나와 있다.

> 이윤생(1604~1637)은 인천에서 대대로 살아온 부평이씨의 후손으로 인조 14년(1636) 병자호란이 일어나자 의병을 모아 강화도와 남한산성에 이르는 길목인 원도(현재 낙섬사거리 일원)로 들어가 적의 퇴로를 차단하며 청나라 군대에 맞서 싸웠으나 의병들과 함께 죽음을 맞이하였다. 그가 죽었다는 소식을 들은 부인 강씨는 바다에 몸을 던져 남편의 뒤를 따랐다. 이에 나라에서 철종 12년(1861) 정려를 내리고, 이윤생을 좌승지, 부인 강씨를 숙부인으로 추증하였다.

병자호란 때 청나라 군대에 맞서 싸운 이윤생을 좌승지로 추증했다.

남편이 죽었다는 소식을 듣고 바다에 몸을 던진 부인 강씨를 숙부인으로 추증했다.

미추홀구 용현동이 어째서 서울의 동쪽 남한산성과 한강 하구 강화도의 길목이란 것일까. 병자호란이 시작된 것은 1636년 12월이고 강화도와 남한산성이 잇따라 함락된 것은 1637년 1월이다. 원도의 전투도 1월에 있었다. 많은 이들이 배를 타고 강화도에 가려면 강화와 김포 사이의 염하를 건널 것으로 생각하지만 겨울에는 쉽사리 배를 띄울 수 없었다. 염하가 얼기도 했으며, 한강에서 떠내려 오는 유빙에 배가 침몰할 수도 있었기 때문이다. 따라서 이때는 바다가 얼지 않는 강화도 남쪽 바다를 택해야 했다. 예전에는 원도나 월미도 등지에 강화도로 가는 배터가 있었다. 조선시대 이야기만이 아니다. 1960년대 말 강화대교가 개통되기 전까지만 해도 강화도와 인천을 잇는 뱃길은 동구 화수부두 쪽으로 연결되어 있었다. 강화도로 통하는 뱃길이 있던 곳, 원도는 병자호란의 전략적 요충지일 수밖에 없었다. 그 요충지에 의병들이 들어가 청군의 맹렬한 정규군과 붙었으니 승패는 이미 정해진 바였다.

의병의 날(6월 1일)을 하루 앞둔 2019년 5월 31일 오후 '이윤생 · 강씨 정려'를 찾았다. 인천에서 25년 가까이 살면서 처음이었다. 골목은 정말 높고도 깊었다. 동네 할아버지 두 분한테 안내를 받고서야 겨우 찾았다. 의병의 날은 임진왜란 때 곽재우가 최초로 의병을 일으킨 음력 4월 22일을 양력으로 환산해 호국보훈의 달 첫째 날로 삼았다고 한다. 인천에서는 6월 1일 어름에 낙섬사거리나 '이윤생 · 강씨 정려'를 찾아 우리의 아픈 역사를 되돌아보는 것도 괜찮을 듯싶다. 이윤생과 함께 청군들과 싸우기 위해 의병이란 이름을 내걸고 일어났던 인천 지역 수많은 민초들의 죽음도 함께 떠올려야 한다. 이윤생은 양반이었기에 역사에 기록되어 남았지만 평민들은 이름도 남기지 못했다.

이윤생의 부인은 금천衿川 강씨였는데 귀주대첩의 영웅 강감찬(948~1031) 장군의 후손이라고 한다. 금천은 지금 서울시 관악구 봉천동과 금천구 일대의 관악산 주변이다. 나라에서는 이윤생과 그 부인을 본보기 삼아 다시는 전쟁에서 패하는 일이 없도록 하고자 정려를 내렸다. 그러나 그 후 5년 만에 병인양요가, 10년 뒤에 신미양요가 일어나는 등 나라는 자꾸만 기울어 갔다.

물맛과 술맛 다 잡은 큰우물이 있는

용동

경인전철 동인천역에서 내려 남광장 쪽으로 나오면 커다란 삼거리와 마주하게 된다. 광장 정면으로 쭉 뻗은 대로 왼편이 용동이다. 1970~80년대만 해도 인천의 명동으로 불릴 만큼 화려했는데 지금은 대낮에도 오가는 사람이 드문 쇠락한 옛 동네가 되었다.

여기에 인천시 민속자료 제2호 '용동 큰우물'이 있다. 기와를 얹은 보호각과 그럴 듯한 글씨의 현판이 제법 운치를 돋운다. 현판은 우물 보호각을 개축해 다시 세운 1967년에 동정東庭 박세림朴世霖(1925~1975)이 썼다. 보통 때는 우물 안을 들여다볼 수 없는 게 흠이다. 누군가 쓰레기라도 버릴 것을 걱정해서인지 뚜껑으로 막아 놓았다. 우물 바로 앞에서 식당 '금촌집'을 운영하는 문성분 할머니가 우물 관리인 격으로 있다. 곱창전골이 일품인 이 식당도 1972년부터 여태껏 하고 있다니 용동 큰우물과 함께 이 동네의 명물로 손색이 없다.

용동 큰우물이 언제부터 있었는지는 명확하지 않다. 우물 안내판에 적힌 내용을 보자.

1883년 인천 개항 무렵에 현재와 같은 우물로 조성된 것으로 전해진다. 원래는 자연 연못으로 물맛이 좋고 수량이 풍부하여 상수도가 보급되기 전까지 인천 시민들의 식수로 사용되었으며, 광복 후 수도 사정이 좋지 않을 때에도 인천 시민들의 생활용수로 활용되었다. 우물의 크기는 지름 2.15미터, 깊이 10미터고 우물 내부는 자연석과 가공된 돌을 둥글게 쌓아 만들었으며 지상에 노출된 윗부분은 원형의 콘크리트 관으로 마감하였다. 우물을 보호하기 위하

인천시 민속자료 제2호 '용동 큰우물'.

여 1967년 기와지붕의 육각형 정자를 건립하였는데 현판은 인천 출신의 서예가 동정 박세림이 썼다.

우물은 군부대에서도 길어갈 만큼 수량이 풍부했다고 한다. 그 옛날부터 용동은 우물만 유명했던 게 아니다. 권번, 속칭 기생집도 알아줬다. '용동권번'이란 이름이 생겨날 정도였다. 양준호 인천대 교수가 1936년의 '인천상공인명록' 등을 근거로 펴낸《식민지기 인천의 기업 및 기업가 : 데이터베이스의 구축》에 따르면, 용리(지금의 용동)에서 주류나 음식물 판매업을 하고 세금을 내던 음식점은 8곳이었다. 이들 술집에서는 모두 이 용동 큰우물의 물을 썼을 게 틀림없다.

권번은 기생들의 활동 무대이면서 동시에 교육기관이었다. 그 명칭도 수시로 바뀌었다. 용동권번의 경우 1900년대에는 용동기가妓家로 불렸고 1910년대에는 용동기생조합소, 1920년대에는 용동권번, 1930년대에는 인화권번, 1930년대 말에는 인천권번으로 그 명칭이 변했다. 여러 기록을 보자면, 용동권번의 기생들은 평양이나 서울 기생보다는 낮게 평가되었지만 개성에 비해서는 나았다고 한다. 특히 잡가雜歌 실력만은 어느 지역보다 뛰어났다고 한다. 아마도 평양이나 서울에 비해 인천 손님들의 출신지역이 다양했기 때문에 그 취향에 맞추기 위해 기생들이 준비를 철저히 했다고 풀이할 수 있다.

큰우물 바로 옆이 한국 미학의 개척자 우현 고유섭(1905~1944) 선생의 생가터다. 지금의 동인천 길병원 자리다. 우현 선생이 이곳에서 출생했음을 알리는 표석을 세우고, 일대 큰길과 골목길을 '우현로'로 명명해 선생을 기리고 있다.

어릴 적 한학을 공부한 우현은 1914년 인천공립보통학교(현 창영초등학교)에 입학, 1918년 졸업했다. 그 이듬해인 1919년에는 용동 일대에서 꼬마들과 함께 3 · 1 만세운동을 이끌었다고 한다. 당시 우현이 그려준 태극기를 들고 만세를 부르며 동네를 뛰어다녔다는 구체적인 증언도 있다. 흑인시인으로 불리는 배인철(1920~1947)의 형인 배인복(1911~1997)은 당시 여덟 살이었다. 용동에 살던 그는 우현이 준 태극기를 흔들며 동네를 두 바퀴째 돌다가 경찰에게 붙잡혔다. 어린 아이들은 훈방으로 풀려났지만 열네 살이던 우현은 유치장에 갇혔다가 사흘 만에 큰아버지의 도움으로 풀려나왔다. 우현의 부인 이점옥 여사도 비슷한 증언을 하는 것으로 보아 우현의 용동 만세운동이 틀린 이야기는 아닌 듯하다. 그런데 인천지역 3 · 1 만세운동사에서는 100년이 지난 지금까지도 제대로 다뤄지지 않고 있다.

우현은 1920년 경성 보성고등보통학교에 입학했다. 인천에서 통학하면서 경인기차통학생친목회에서 문예부 활동을 했다. 1925년 경성제국대학 문과에 입학, 미학과 미술사학을 공부했다. 1930년 경성제대를 졸업했고, 1933년 개성부립박물관장에 취임했다. 1944년 간경화로 사망했다. 개성 청교면 수철동에 묘소가 있다.

용동 큰우물과 용동권번, 고려청자(고유섭 전집 제목)의 우현, 그리고 길병원. 물맛은 술맛과 직결된다. 고려청자와 술병도 멀리 떨어진 개념이 아니다. 술은 알코올이며, 알코올은 병원의 상징으로 이어진다. 모두 흥한 이 넷을 이렇게 묶으면 억지일까?

기생집으로도 유명했던 용동의 계단에 '용동권번'이란 글자가 새겨져 있다.

소정방의 흔적이 드리워진

소래포구

인천에는 포구가 여럿 있다. 강화군이나 옹진군 같은 섬지역은 물론이고 남동구나 중구, 동구 등 도심 지역에도 포구가 있다. 남동구 소래포구는 수도권에서는 가장 많은 사람들이 찾는 관광지이자 어시장이다. 송도경제자유구역과 경기도 시흥의 배곧신도시, 마천루 같은 아파트가 빼곡한 그 틈을 비집고 배가 드나드는 포구다. 20년 전까지만 해도 그저 너른 갯벌과 바다였을 뿐이다.

소래포구蘇萊浦口는 인천과 경기도 시흥을 경계 짓는 아주 깊은 갯골이다. 드나드는 물살이 얼마나 거센지 예전에는 동력선이 아닌 어선들은 물때에 맞추어야만 포구를 드나들 수 있었다. 갯골 수로의 낭만적 풍경과 함께 어선과 어시장을 볼 수 있다는 것이 소래포구로 사람을 끌어들이는 요인이다.

소래, 그 이름이 참 묘하다. 한자로 보면, 소蘇는 되살아난다는 뜻이고 래萊는 나물로 유명한 명아주를 일컫는다. 이 둘을 합쳐 놓으니 무슨 말인지 언뜻 이해하기 어렵다. 소래가 들어간 이름은 또 있다. 소래포구와 멀지 않은 곳에 소래산蘇萊山이 있다. 인천대공원과 맞닿아 있으며 인천과 경기도 시흥의 경계 지점에 있다. 소래포구와 소래산의 이름은 소정방이 왔던 곳이라는 의미에서 원래는 '소래蘇來'였는데 언제부터인가 '소래蘇萊'로 변했다고 한다.

《인천지명고》에서 소래산을 설명한 대목을 보자.

> 소래산의 한자 표기는 소래(蘇來)였는데 근래에 들어 소래(蘇萊)가 되었다. 신라시대 당나라 장군 소정방(蘇定方)이 이곳에 왔다고 해서 이름 지어졌다.

이훈익은 소래포구의 지명 유래도 소래산과 같다고 했다. 소래포구와 소래산은 소정방과 무슨 관련이 있다는 말인가. 인천 앞바다 덕적도에 바짝 붙어 있는 소야도蘇爺島가 그 실마리를 제공한다. 소야도의 이름 역시 소정방과 관련이 있다. 660년 당나라군이 백제를 치기 위해 한반도에 왔을 때 덕적도 일대에 상륙해 소야도에 머물렀던 듯하다. 《삼국사기》는 당나라 소정방 군대가 중국을 출발, 인천 덕적도에 도착해 신라군과 합세했다고 기록하고 있다. 소정방이 당군 13만 명을 거느리고 백제를 침략한 첫 코스가 중국 산둥반도에서 인천 덕적도에 이르는 항로였다는 설명이다. 《삼국유사》가 전하는 나당 연합군의 백제 공격 초기 모습도 위와 비슷하다.

신라의 파병 요청을 받은 당나라가 백제를 침략하기 위해 한반도에 첫발을 내디딘 곳이 바로 인천 앞바다였다. 그 덕적군도에 포함된 섬 소야도는 '소정방 섬'이라는 뜻의 이름을 아직도 버리지 않고 있다. 우리 민초들은 그 옛날부터 역사적 사실을 지명 짓기 등의 방식으로 남김으로써 오래도록 잊지 않고 기억했다.

소야도와 소래포구, 소래산. 인천 앞바다에서 포구를 거쳐 내륙으로 이르는 루트처럼 가지런한 느낌이다. 여기서 생각할 게 하나 있다. 나당 연합군과 백제군 사이에 펼쳐진 정보전 가능성이다. 《삼국사기》와 《삼국유사》에 전하듯 신라군과 당나라군은 덕적도에서 백제 공격 작전을 짰다. 신라군도 병선을 동원했다. 당나라군과 함께 서해안선을 따라 내려가 기벌포(금강 하구)를 거쳐 백제로 직접 침투할 수도 있고, 당나라군이 인천 해안에 상륙해 신라군과 함께 육로로 진입하는 방안도 있었다. 하지만 당나라군은 금강으로 배를 타고 갔으며 신라군은 육로를 택했다. 백제군은 양쪽으로 방어 병력을 나누어야 했기 때문에 더욱 힘들었다. 나당 연합군의 육 · 해 병진 작전은 자연스럽게 백제군의 전력 분산을 유도해 백제군을 무너뜨린 결정적 요인이 되었다.

이 작전을 결정하기 위해 소정방이 직접 소래포구를 거쳐 소래산까지 올랐을 가능성도 있다. 아니면 소정방은 덕적도에서 이미 금강을 향해 바다로 떠났는데, 마치 소정방이 소래포구를 거쳐 소래산으로 이동한 것처럼 허위 정보를 흘렸을 수도 있다. 아무튼 당시 나당 연합군의 작전은 기막히게 맞아 떨어졌다.

어물전과 포구를 구경하기 위해 들른 소래포구는 까마득하게 잊고 있던, 당나라 장수 소정방 군대가 이 땅에 몰려들었던 백제 멸망 시기인 서기 660년으로 우리를 안내한다.

우리나라 최초의 등대를 만나다

팔미도

팔미도에는 꼭 한 번 가볼 일이다. 1903년 불을 밝힌 우리나라 최초의 등대를 보는 것만으로도 가치는 충분하다. 6 · 25전쟁 시기 군부대가 들어서면서 닫혔던 팔미도는 2009년 새해를 맞아 일반에 개방되었다. 팔미도에 가려면 인천연안부두에서 유람선을 타야 한다. 유람선은 아주 천천히 운항한다. 16킬로미터 가는 데만 1시간가량 걸린다. 섬에 내려서는 안내인의 설명을 들으며 팔미도 등대를 비롯해 1시간 코스로 이곳저곳 둘러볼 수 있다. 이렇게 다녀오는 데 3시간이다. 눈에는 색다른 풍광을 담고, 가슴에는 수많은 역사 이야기를 넣고, 찌든 머릿속은 다 비우고 나오면 한나절을 투자한 가치가 충분하다.

팔미도에 배를 대자마자 눈에 띄는 것은 유람선에서 내리는 사람들의 머릿수를 세는 군인이다. 배가 떠날 때는 1시간 전에 내렸던 숫자와 다시 올라타는 사람의 숫자가 같아야 한다.

한 명이라도 차이가 나면 군부대에서 출항을 허락하지 않는다. 관광 안내문에는 '군 시설, 부대, 안테나, 군인 촬영은 금지'한다고 적혀 있다. 팔미도는 여전히 군부대가 주둔하는 군사적인 섬임을 실감케 하는 장면이다.

팔미도 등대는 1903년 6월 1일 점등했다. 우리나라에 처음 세워진 근대적 개념의 서구식 등대로, 소월미도 등대, 북장자서北長子嶼 등표, 백암白岩 등표도 같은 날 가동을 시작했다. 모두 인천항을 오가는 항로의 중요 지점이다. 등대와 등표는 비슷하게 생겼지만 엄밀히 따지면 차이가 난다. 등표는 암초 같은 곳에 세워 바닷물의 들고남에 따라 물에 잠기기도 드러나기도 한다. 산꼭대기나 산모퉁이에 있어 파도의 영향을 받지 않는 등

연안부두에서 유람선을 타고 1시간 걸려 들어가는 팔미도.
안내인의 설명을 들으며 1시간 코스로 관람할 수 있다.

대와는 그 점에서 다르다.

팔미도 등대는 꼭 100년 만인 2003년에 퇴역하고 이제는 '유물'로 서 있을 뿐이다. 바로 옆 자리에 훨씬 높으면서 첨단 기기를 갖춘 현대식 등대가 들어서 그 역할을 대신한다. 등명기 발전 방식도 크게 변했다. 처음에는 석유 백열등을 사용했고, 1954년부터 발동기로 전기를 얻어 등을 밝혔다. 이때부터 18해리, 33킬로미터까지 빛이 뻗어나갔다. 1991년 9월부터는 태양광 발전설비를 이용하고 있다.

등대는 칠흑같이 어두운 바다에서 배가 암초나 섬에 부딪히지 않게 빛을 보내는 신호기다. 우리나라 서해안은 암초가 많아 야간 선박 운항이 특히 위험하다. 1123년 북송의 사신으로 고려에 왔던 서긍은 견문 보고서 《고려도경》에 '항해할 때는 바다가 깊은 것을 두려워하지 않고 오직 얕아서 박히는 것을 두려워한다'고 썼다.

동서양을 막론하고 아주 오래전부터 있던 등대는 '나를 밝혀 뭇 생명을 살리는' 희생의 상징이기도 하다. 하지만 우리나라에 서구식 등대가 처음 만들어진 시기로 거슬러 올라가면 그렇게 긍정적이지만은 않다. 역설적이게도 한반도 침략자들에게 팔미도 등대는 빛이 되어 주었기 때문이다.

일본은 1894년 청일전쟁을 일으키면서 우리나라 연안에 등대를 설치해야겠다는 생각을 가졌다. 이때부터 등대 건설을 촉구하고 건립지 측량을 직접 하겠다고 나섰다. 예산 마련에 어려움을 겪던 우리 정부는 관세 수입에서 등대 건축 자금을 마련하기로 하고 1902년 인천해관 등대국에 건설 업무를 맡겼다. 핵심 인물은 일본인 공학박사 이시바시 아야히코石橋絢彦. 그의 손에서 팔미도, 소월미도 등대와 북장자서, 백암 등표가 세워졌다. 그 1년 뒤인 1904년 4월에는 인천항로의 부도鳧島 등대가 점등되었다. 인천 해안에서 5기의 등대, 등표가 먼저 가동을 시작한 것은 인천항을 드나드는 선박이 그만큼 많았기 때문이다. 그 등대와 등표들은 일본의 전쟁 도구로, 식민지 수탈의 안내자로 활용되었다.

1903년 처음 불을 밝히고 100년 만인 2003년 퇴역한 팔미도 등대는 해양수산부 지정 등대문화유산 제1호다.

팔미도와 그 정상에 세워진 등대는 20세기 격동의 시기, 한반도를 향한 외세의 침탈 역사를 맨 앞에서 지켜봤다. 점등 6개월 만인 1904년 2월 8일, 팔미도 해상에서 러일전쟁의 서막이 올랐다. 인천항에서 바다 멀리로 나가기 위해서는 팔미도 앞을 지나지 않을 수 없다. 호리병의 목과 같은 위치다. 그 팔미도 남쪽 해상을 봉쇄하면 인천항에 댄 배들은 독에 갇힌 형국이 된다. 일본군은 그 점을 잘 알고 있었다. 당시 인천항에는 러시아, 프랑스, 영국, 이탈리아, 미국 등 서구 열강의 군함들이 정박해 있었다. 꼭 10년 전 인천 앞바다에서 청나라와 전쟁을 일으켜 승리한 일본은 이제 러시아를 겨냥했고, 그 시작점을 청일전쟁 때와 마찬가지로 인천항으로 잡았다.

8일 팔미도 해상을 봉쇄한 일본군은 러시아 측에 9일 정오까지 인천항을 떠날 것을 요구했다. 최후통첩이었다. 러시아 순양함 바랴크(Varyag)호와 포함 카레예츠(Koreetz)호는 인천항을 출항한 후 팔미도 앞에서 일본 함대와 마주쳐 격렬한 포격전을 주고받았다. 32명이 죽고 85명이 다치는 인명 피해와 함께 정상적인 가동이 불가능할 정도로 타격을 입은 러시아 함정들은 인천항으로 되돌아왔다. 러시아군은 일본군에게 노획물을 넘겨주지 않기 위해 배(바랴크호)를 침몰시켰고 일본은 그 배를 건져 올려 유럽의 맹주를 꺾은 일본의 우수함을 선전하는 데 이용했다. 러일전쟁에서 승리한 일본은 한반도를 완전히 장악하게 된다.

팔미도 등대의 불빛은 1950년 6 · 25전쟁 당시 9 · 15 인천 상륙작전의 개시를 알리는 신호탄이 되기도 했다. 등대 앞에 세워진 안내판에도, 2003년 새롭게 건설한 신등대 전시관에도 '9월 15일 0시를 기해 팔미도 등대를 탈환해 불을 밝힘으로써 그날 새벽의 상륙작전이 가능했다'고 소개되어 있다.

그런데 신등대 전시관에서 우리는 '불편한 진실'을 마주하게 된다. 전시관에는 9 · 15 상륙작전 당시 팔미도 등대 탈환작전과 맥아더 장군의 지휘 모습, 상륙 장면이 조형물과 사진으로 전시되어 있다. 맥아더 장군이 장병들을 거느리고 바닷물을 저벅저벅 헤치며 걷는 모습을 보여주는 사진도 그중 하나다. 누구든지 그 장면이 바로 인천상륙작전 때 인천 해안에 앞장서서 상륙하는 맥아더 장군의 모습일 거라고 생각할 수밖에 없다. 하지만 그렇지 않다. 그 사진은 그보다 무려 6년 전, 그러니까 태평양전쟁 막판이던 1944년에 있었던 필리핀 레이테만 상륙 장면이다. 이 장면은 인천 중구 자유공원의 맥아더 장군 동상에도 부조로 조각되어 있다.

실제로는 맥아더 장군은 인천상륙작전 이틀 뒤인 9월 17일에야 전용 보트에서 부관의 부축을 받으며 인천항에 첫발을 내디뎠다. 누군가는 맥아더 장군이 직접 바닷물에 뛰어들어 첨벙거리며 상륙하는 멋진 장면이 인천에서 펼쳐졌다고 얘기하고 싶었을 게다. 아주 심각한 역사 왜곡이 아닐 수 없다.

팔미도 등대 바로 아래에는 아주 작은 집이 한 채 있다. 옛 등대 사무실이다. 한때는 팔미도 주둔 군인들의 예배당으로 쓰였다고 하는데 그 안에 옛 모습을 복원해 놓았다. 일제강점기 등대원들의 가족사진도 있다. 그 사진을 보는 순간 함세덕의 희곡 〈해연〉이 떠올랐다. 1940년 조선일보 신춘문예에 당선된 〈해연〉은 팔미도 등대를 배경으로 한 이성동복남매異姓同腹男妹의 이야기를 다룬 작품이다. 등대지기의 딸과 폐가 안 좋아 팔미도에 요양하러 온 총각의 사랑과 우정 이야기로, 당시 등대지

일제강점기 등대지기의 가족사진.

기의 삶과 우리 어민들의 애환까지 살필 수 있는 아주 드문 작품이다. 침탈과 전쟁, 그리고 문학…. 팔미도 등대는 우리 격동기 100년 역사의 질곡을 파노라마처럼 비추고 있다.

팔미도 옛 등대는 인천광역시 지정 유형문화재 제40호로 보호되고 있다. 해양수산부 지정 등대문화유산 제1호이기도 하다. 그 역사의 현장 인천에서는 2018년 5월 27일부터 6월 2일까지 '등대 올림픽'이라 불리는 IALA(국제항로표지협회) 컨퍼런스가 송도 컨벤시아에서 열렸다. 팔미도 등대를 비롯한 세계 각국의 수많은 등대 모형과 그 역사 이야기가 관람객의 눈과 귀를 사로잡았다. 역사의 현장에서 과거를 느끼고 미래를 바라보려거든 팔미도에 가볼 일이다.

한국 최초의 서구식 공원

자유공원

인천의 명승지 제1번은 어디일까. 선뜻 대답을 내놓기가 쉽지 않다. 승지勝地가 경치 좋은 곳을 말하고 그 앞에 명名자가 붙었으니, 명승지의 기본 조건은 경관이 뛰어난 동시에 사람들에게 이름이 나 있어야 한다. 인천에서 제일 경치 좋고 이름난 곳? 어떤 이는 송도신도시를 내세울 것이고, 어떤 이는 강화도나 백령도, 대청도를 말하기도 할 것이다. 인천대교나 월미도, 자유공원, 문학산 등을 거론하는 이도 있을 터이다. 누구나 공감하는 명승지를 대번에 떠올리기 어려운 곳이 인천이다.

1973년에 발간된《인천시사》하권에서 소개한 인천의 명승지 첫 번째는 자유공원이었다. 그 시절은 그랬다. 자유공원에서 있는 맥아더 장군 동상 하나만으로도 으뜸으로 올려놓기에 충분했다. 두 번째가 수봉공원이었고 지금은 알 수도 없는 도원공원, 율목공원, 동산공원이 그 뒤를 이었다. 일제강점기 수도권 최대 유원지이자 환락의 공간이었던 월미도는 여섯 번째로 밀렸다.

자유공원은 인천이 아주 오래 전부터 국제도시였음을 보여준다. 한반도 최초의 서구식 공원으로 조성되었는데, 1897년 만들어진 서울 탑골공원(파고다공원)보다 9년이나 빨랐다. 1888년 11월 9일 미국, 러시아, 독일, 영국, 일본, 중국 등 우리나라에 진출해 있던 여러 국가의 외교관들이 공동 서명하여 조성되었다. 측량과 설계는 러시아 토목기사 사바틴(Seredin Sabatin, 1860~1921)이 맡았다. 사바틴은 우리나라 근대 건축사에서 가장 먼저 떠올려야 하는 인물로, 탑골공원도 설계했다. 자유공원 설계 경험이 탑골공원에 반영되었을 게 분명하다.

이름 변천사도 만만치 않다. 처음 만들어졌을 때는 각국공원各國公園, 만국공원萬國公園이라 불렀다. 이름처럼 관리권 또한 공원조성에 관계한 여러 나라에 있었다. 일제는 1914년 외국인 거류지 제도를 폐지하고 공원 관리권을 지금의 인천시 격인 인천부仁川府에 이관한 뒤 이름을 서공원(The West Park)으로 바꾸었다. 지금의 인천여자상업고등학교 자리에 인천신사를 세우고 그 주변을 공원으로 조성했는데 신사 주변을 동공원, 원래 있던 각국공원을 서공원이라 한 것이다.

해방된 1945년 만국공원이라는 이름을 되찾았다가 1957년 맥아더 장군의 동상을 세우면서 자유공원으로 바꿔 지금까지 이어지고 있다. 맥아더 장군 동상 옆에는 인천상륙작전 당시의 장면을 조각한 부조 작품을 걸었다. 곳곳에서 발견되는 불편한 진실이다(팔미도편 97페이지 참조).

인천에 여러 나라가 공동으로 조성한 공원이 들어선 이유는 이곳이 중요한 개항장이었기 때문이다. 1883년 개항된 지 5년이 지난 1888년 우리 정부는 미국, 러시아, 독일, 영국, 일본, 중국 등 국내 주재 외국 외교관들과 협약을 맺었다. '인천항구

자유공원에 세워진 맥아더 장군 동상.

맥아더 동상 옆의 부조. 맥아더 장군이 인천상륙작전을 지휘하는 것처럼 보이지만 이는 1944년 필리핀 레이테만 상륙 장면을 형상화한 것이다.

각국조계장정仁川港口各國租界章程'이다. 조계지는 각 나라 사람들이 자유롭게 상업활동 등을 할 수 있는 일종의 치외법권 지역이라는 뜻이다. 각국 영사관도 잇따라 들어섰다. 조계지로 땅을 내주었다는 점은 불평등조약의 대표적 사례이기는 하지만 국제도시의 성격을 보여주는 것이기도 하다.

그 뒤 100년, 인천에는 또 하나의 국제도시가 들어섰다. 송도경제자유구역이다. GCF(녹색기후기금) 등 여러 국제기구 사무실이 입주한 송도는 미국 게일사가 개발했다. 130년 전 개항 시기에 그랬듯이 오늘날도 우리는 국제도시 하나 우리 손으로 만들어내지 못한다는 게 안타까울 따름이다.

각국공원을 이야기하면서 빼놓을 수 없는 게 있다. 한성임시정부 수립을 위한 13도 대표자회의가 이곳에서 처음 열렸다는 점이다. 1919년 4월 2일, 검사직을 집어 던지고 독립운동을 벌이던 홍진(1877~1946)과 기독교 전도사 이규갑, 천도교 지도자 안상덕 등이 비밀리에 각국공원으로 찾아들었다. 지역과 종교 대표 20여 명이 서로를 알아보기 위해 엄지손가락에 흰 종이나 헝겊을 감고 나타났다. 이날 모임에서는 임시정부의 약법約法과 정부조직안을 확정하고, 이 내용을 서울 국민대회에서 선포하기로 결정했다. 일제의 감시가 최고조에 이르렀던 시기에 이들은 왜 인천 각국공원에서 모임을 가졌던 것일까. 자유공원 정상에 올라 인천항을 바라보면서 진지하게 생각해 볼 일이다.

각국공원 조성 이전부터 이 지역에는 서양식 건물이 세워졌다. 인천 최초의 서양식 건축물인 세창양행 사택이 가장 먼저였다. 1884년 준공된 단층 벽돌집으로, 화학약품, 염료, 화약, 면도칼, 바늘 등 유럽산 제품을 수입 판매하던 독일계 회사 세창양행 직원들의 숙소였다. 이 건물은 해방 후 인천시립박물관으로 쓰였지만 인천상륙작전 당시 포격을 받고 소실되었다.

공원이 들어선 응봉산 정상에 우뚝하게 자리잡아 인천의 랜드마크로 불리던 존스턴 별장도 있었다. 1905년 준공된 이 별장은 석조 4층 규모로 웅장하면서도 아기자기하다는 평가를 받았다. 중국 상하이에서 항만 건설업을 하던 영국인 제임스 존스턴(James Johnstone)의 여름 별장이었다. 설계는 독일인이 하고 시공은 중국 업자가 했다. 지붕을 장식한 붉은 기와는 중국 칭다오에서, 조명을 비롯한 전기 관련 장치는 세창양행을 통해 독일에서 수입했다. 가구는 모두 영국에서 들여왔으며 내부 목조 장식을 위해 상하이에서 12명의 조각가들이 출장을 오기도 했다. 국제도시에 딱 맞는 건축물이었던 셈이다.

존스턴 별장은 몇 번 주인이 바뀐 끝에 1936년 인천부청에서 인수해 서공원회관이라 했다가 곧바로 인천각으로 고쳤다. 고급 여관 겸 요정이었다. 이곳에서 연회를 열었던 인물 중 인천의 1호 의학박사 신태범(1912~2001)이 있다. 신태범 박사는 저서《인천 한 세기》(1983)에서 '1943년 봄에 학위를 받은 축하회를 인천각에서 가졌는데 장광순 선배가 진행을 맡고 내빈도 많아 성황을 이루었었다. 그때 박사가 된 기쁨도 컸었으나 멀리서 바라보기만 하던 존스턴 별장에서 주인 노릇을 할 수 있었다는 기쁨이 나의 가슴을 한층 벅차게 했었다'고 술회했다. 경성제국대학 의학부를 나와 거기서 박사학위를 받은 인물조차 인천각 무대에 서보는 게 꿈이었다니, 일반 서민들의 눈에는 그 인천각이 어떻게 비쳤을까.

해방 후에는 미군들이 고위장교 숙소로 사용했으나 1950년 인천상륙작전 당시 함포사격에 파괴되었다. 최성연 선생은 〈인천각〉이라는 작품을 지어 이 건물이 무너져 내린 것을 아쉬워했다. '오정포산'으로 시작하는 작품에는 여적餘滴도 남겼다. 오정포산의 본래 이름은 응봉산인데, 일제시기 이곳에 있던 인천측후소에서 낮 12시에 시각을 알리는 소형 산포山砲를 공포로 발사해 오정포라 불렀다고 선생은 설명하고 있다. 인천각과 관련해서는 건축비로 30만 달러가 들어갔다고 밝혔다. 30만 달러면 지금으로 따져도 3억5000만 원이 넘는데, 당시로는 어마어마한 금액이었다.

상하이조선소 사장이던 존스턴은 인천각이 몹시 흡족했던지 인천각과 똑같은 쌍둥이 저택을 상하이에도 지었다고 한다. 상하이에 이 건물이 남아 있다면, 전쟁으로 파괴되기까지 45년이라는 짧은 기간이었지만 그 어떤 건물보다도 파란만장한 일대기를 가진 인천각의 복원도 가능할 것이다.

자유공원이라는 이름을 계속 써야 하는지도 한 번 따져볼 일이다. 1945년 해방 직후에 그랬듯이 각국공원이나 만국공원이라는 이름을 회복한다면, 은근슬쩍 탑골공원에 빼앗긴 '한국 최초의 서구식 공원'이란 지위도 되찾게 될 것만 같다.

두 개의 이름, 두 개의 의미

송도

인천 미추홀구 학익동에서 독배로를 타고 가다 비류대로와 교차하는 옥골사거리에 다다르면 옥련터널이 나온다. 거기에서 우리는 두 개의 '송도'를 만나게 된다. 도로 표지판은 좌회전하면 '송도역'이라고 가리키고, 터널 오른편 언덕에는 '송도고등학교' 건물이 우뚝하다. 그 반대로, 능허대공원에서 옥련터널 쪽으로 난 길도 마찬가지다. 도로 표지판에는 우회전 하면 '송도역삼거리'를, 직진하면 '송도고'를 가게 된다고 표기해 놓았다. 두 '송도'는 같은 곳일까. 아니다. 태생부터가 전혀 다르다.

송도역, 송도역삼거리, 송도유원지, 송도신도시는 '송도松島', 송도고등학교, 송도중학교는 '송도松都'다. 섬과 도읍, 한글로는 같은데 한자로는 완전히 다르다. 송도신도시의 송도는 일제가 붙인 왜색 지명이고, 송도고등학교의 송도는 북한 땅 개성을 일컫는다.

송도松島는 일본어로 마쓰시마まつしま라 한다. 일제는 러일전쟁을 일으킬 때 이미 동해를 일본해(SEA OF JAPAN)라고, 울릉도를 마쓰시마(MATSUE SHIMA)라고 하며 세계에 홍보했다. 영국의 주간 화보집《런던 뉴스》도 러일전쟁 발발 직전인 1904년 1월 16일 자에 이 같은 지도를 실었다. 하지만 일본은 메이지 시대 초반까지만 해도 울릉도가 아니라 독도를 마쓰시마라 하고, 울릉도는 다케시마竹島라 불렀다. 독도가 다케시마가 된 건 그 뒤의 일이다. 어떻게 된 영문인지 그들이 부르는 두 섬의 호칭이 갑자기 뒤바뀐 거다. 이렇게 일본은 예전부터 울릉도와 독도를 헷갈리고 있었다. 자기네 땅이 아니기 때문에 충분히 혼동이 가능하다고 본다.

인천에서는 일제강점기인 1937년에 처음 이 이름을 썼다. '송도유원지'의 송도가 같은 의미다. 송도유원지는 1920~30년대 서울 사람을 비롯한 전 국민의 휴양지 역할을 하던 월미도 유원지의 대체재로 만들어졌다. 일본인들의 휴양시설을 목적으로 1937년 개장했다. 해방 이후에는 금단의 땅이 된 월미도 대신 송도유원지에 수도권 시민들이 몰려들었다. 1969년 국민관광지로 지정되었다. 송도유원지 내 해수욕장은 수문개폐 시설을 통해 수량을 조절하는 국내 최대의 인공해수욕장이었다. 모래사장을 만들기 위해 무의도에서 트럭으로 30만 대분의 모래를 실어 날랐다고 한다.

앞에서 얘기했던 도로 표지판에 적힌 수인선의 '송도역'도 같은 시기에 생겼다. 송도유원지에서 2킬로미터 정도 떨어진 곳에 수인선 노선 중 유일하게 지금까지도 용케 옛날 역사驛舍가 보존되고 있다. 송도 역사는 1937년 8월 5일 수인선 개통과 함께 운영을 시작했다. 1973년에는 송도~남인천 구간이 운행을 중단함에 따라 수인선의 종착역이 되었고, 1994년 9월 1일 문을 닫았다. 협궤철로가 철거되고 역의 기능을 상실했으나 부속 숙직실, 화장실, 우물터 등 아직도 옛 모습을 간직하고 있다.

송도정松島町, 송도역, 송도유원지, 이 셋은 사람으로 치면 1937년생 동갑내기다. 섬도 아닌 곳에 왜 섬 이름을 붙였는지에 대해서는 몇 가지 설이 있다. 하나는 일본 도호쿠 지방 태평양 연안에 있는, 일본 3대 절경 중 하나라는 미야기현의 군도 마쓰시마에서 따왔다는 설이다. 청일전쟁과 러일전쟁에 동원했던 순양함 마쓰시마 호의 이름을 그대로 썼다는 설과 인천시장 격인 인천부윤을 지낸 마쓰시마 기요시를 기리기 위해 붙였다는 설도 있다. 어느 게 맞는지 몰라도 이 이름은 송도경제자유구역, 송도신도시(송도국제도시), 연수구 송도동, 인천대학교 송도캠퍼스 등으로 가지치기를 계속해 왔다.

또 다른 의미의 송도松都는 고려의 왕도 개경開京을 일컫는다. 그 이름에서는 조선에 나라를 넘겨주고 지금까지 600년간을 유랑한 자들의 오래된 디아스포라적 냄새가 풍기는데, 인천에 있는 중고등학교에 그 이름을 붙인 이유는 무엇일까.

송도고등학교와 송도중학교는 1906년 10월 3일 개성 송악산 기슭 산지현에 문을 연 '한영서원韓英書院'에서 출발한다. 윤치호(1865~1945)가 인삼 제조실로 쓰이던, 초가지붕으로 된 뜸집에서 시작한 교육기관이다. 14명의 학생이 이곳에서 배움을 시작했고, 개교 2년이 지났을 때 석조 3층 건물로 신축했다. 1917년 3월 4년제 '송도고등보통학교'로 개명했다. 6·25전쟁 중이던 1952년 4월 인천 중구 송학동에 가교사를 마련해 500여 명의 남녀 피란 학생들을 교육하면서 인천에 자리를 잡았다. 1년여 뒤 답동으로 이사했다.

송도중고등학교를 운영하는 송도학원은 한때 재정난에 허덕였지만 1975년 2월, 동양화학(현 OCI) 설립자 송암松巖 이회림李會林(1917~2007) 회장이 이사진에 합류하면서 성장을 거듭했다. 송암은 연수구 옥련동에 교사를 신축해 고등학교를 이전하고, 운동장과 체육관, 과학관 등을 지어 규모를 늘려 나갔다. 2020년 1월 8일엔 100회 졸업생을 배출했다. 일제 때 이름이 바뀐 뒤부터 따지다 보니 설립연도보다 졸업 횟수가 늦다.

'마지막 개성상인'으로 불리던 기업가 송암은 자신의 호에 '송도松都'의 '송'자를 넣어 개성사람의 정체성을 분명히 했다. 실향민이던 그는 북한 미술을 좋아해 국내 최고의 북한 미술 컬렉터로 이름을 날리기도 했다. 우리나라 고미술 전반에 조예가 깊어 1992년 10월 인천에 송암미술관을 열었는데, 2005년 6월 미술관과 1만 점 가까운 소장품을 인천광역시에 기증했다.

인천 학교에는 개성에서 피란 나온 곳이 또 있다. 경인교대도 1946년 5월 개성에서 공립사범학교로 설립된 개성사범학교에서 시작한다. 6 · 25전쟁 발발 후 부산으로 피란을 갔다가 1952년 4월 1일 인천으로 옮겨왔다. 국립 인천사범학교, 인천교육대학, 경인교육대학교로 이름을 바꾸며 오늘에 이르렀다. 인천 미추홀구청 민원실 앞에는 '여우실 경주김씨 종가 터' 안내판이 세워져 있다. 이 자리가 바로 인천교대가 있던 곳이다. 여우실은 예전부터 불리어 오던 이 동네 이름이다. 인천의 명문가 김은하(1923~2003) 전 국회부의장 집안의 아흔아홉 칸 저택이 있던 곳이기도 하다.

김은하 부의장 집안의 아흔아홉 칸 저택은 원래 미추홀구청 정문 쪽에 있었다. 일제는 1930년대 후반 중일전쟁을 일으

미추홀구청 민원실 앞에 세워진 '여우실 경주김씨 종가 터' 안내판.

키면서 부평을 군수기지로 삼고, 여우실 저택 부지를 일본군 병영으로 지정해 헐어냈다. 김 부의장의 부친은 100미터쯤 떨어진 민원실 쪽에 꼬박 2년이 걸려 아흔아홉 칸을 새로 지었다. 당시 목재 건축의 최고수로 꼽히던 개성 목수들을 고용했다. 왕궁을 보수할 때 개성 목수들을 썼다고 하는데, 고려를 뒤엎고 선 조선일지라도 목수만큼은 고려 때부터 실력을 인정받아 온 개성 출신을 우대했던 모양이다. 일제는 한국 사람이 큰 집을 갖는 것을 가만히 보고 있지 않았다. 난데없이 지금 미추홀구청 정문에서 용현시장과 독쟁이 언덕으로 이어지는 도로를 개설했다. 새로 지은 지 얼마 안 된 아흔아홉 칸 중 서른네 칸이 또 다시 헐려나갔다.

이 집 일부는 6 · 25전쟁 직후 인천교대에 자리를 내주었고, 미추홀구청이 민원실을 신축할 때 나머지 집터마저 넘겨주었다. 김은하 부의장은 이 집에서 제6대부터 11대까지 내리 6선 국회의원을 지냈다. 이 기록은 아직도 인천에서 깨지지 않고 있다.

송도松島는 여전히 일본의 그늘을 벗어나지 못했다는 아픈 현실을 깨닫게 하고, 송도松都는 천년 도읍 개성의 젊은 혼을 키워내고 있다는 뿌듯함을 갖게 한다.

이북장사가 오가던 은밀한 지역

강화평화전망대

강화도 북단 양사면 제적봉에는 평화전망대가 있다. 가까이에서 북녘을 바라볼 수 있어 많은 사람들이 찾는 명소다. 이북 실향민들이 특히 많이 방문한다. 전망대에서 북한 개풍군 대성면 삼달리까지의 거리는 2.3킬로미터이고, 전망대 아래쪽 철산리에서 북쪽 해창포까지는 1.8킬로미터밖에 떨어져 있지 않다. 바로 코앞에 보이는 거리다. 강화와 개풍, 이쪽과 저쪽 사이를 흐르는 강물을 예부터 조강祖江이라 일컬었다. 한강과 임진강이 만나는 지점부터 교동을 지나 서해에 이르는 물길이다. 조강은 한강, 임진강, 예성강, 3개의 강물을 하나로 품고 흐른다. 조강이라는 이름은 남북이 분단되면서 자취를 감추었다. 사람이 왕래하지 않는 강이 되다 보니 그 이름을 부를 일이 없었고 자연스레 잊혀진 존재가 되고 말았다.

남북 최단거리, 강화 철산리와 북쪽 해창포. 이곳이 6 · 25 전쟁 직후 남북 간에 은밀한 물물교류가 이루어진 루트였다는 사실은 우리 역사에서 까맣게 지워졌다. 수백만 명의 사상자를 낸 전쟁으로 남북이 서로 쳐다보지도 않던 그 휴전 직후에 철산리와 해창포를 뱃길로 오가면서 서로의 물건을 주고받는 교류가 있었다니 도무지 믿어지지가 않는다. 강화도 노인들은 그 일을 아직도 기억하고 있다. 그걸 '이북장사'라고 했다. 대놓고는 못하고 몰래 은밀하게 하다 보니 위험하기는 했지만 이문이 많은 장사였다. 이익이 크다 보니 목숨을 내걸고 했다. 이북장사는 두 패거리가 주도했고, 우두머리는 모두 개성 출신이었다. 강화읍내에 간판까지 단 사무실도 있었다.

휴전 직후 남북을 오갈 수 없게 된 엄혹한 현실 속에서 민간인들이 어떻게 서로의 물품을 교환하는 장사를 할 수 있었을까. 군軍 당국이 뒷배를 봐주었기 때문에 가능했다. 한 패는 이

©DreamArchitect / Shutterstock.com

강화 제적봉 평화전망대. 남북 최단거리인 이곳에서 은밀한 물물교류가 이루어졌다.

승만 대통령의 최측근으로 통하던 김창룡 당시 육군 특무부대장이 밀어줬고 다른 패도 라인이 있었다. 북한 쪽 역시 마찬가지였다.

강화에서는 페니실린 같은 약품이나 신발류, 옷가지 따위를 싣고 갔다. 북에서는 원산 북어, 명천 다시마, 은수저 등등의 물건이 넘어왔다. 조강을 건너야 하는 일이어서 배에 실을 수밖에 없었다. 강화 철산리 산이포에서 출발해 개풍의 영정포나 해창포를 드나들었다. 사람들이 알아차리지 못하도록 배는 밤에만 움직였다. 일정은 예측할 수 없었다. 1주일도 걸렸고 한 달이 넘을 때도 있었다. 아예 돌아오지 못하는 경우도 있었다. 남북의 군 당국은 이북장사 하는 사람들을 이용해 상대방의 정보를 캐내기도 했다. 물건을 싣는 배에 서로가 간첩을 태워 보내기도 했다. 군 당국이 이북장사의 뒷배를 봐준 것은 첩보전에 활용하기 위해서였는지도 모른다. 이북장사를 하는 사람들은 상대방에게 노출된 이중간첩처럼 되어 있었다.

교환해온 물건을 팔면 이윤이 곱절도 넘었다고 한다. 이북장사로 큰돈을 벌어 유명한 부자가 된 사람들도 있다. 개성상회 한창수 회장(1919~2000)과 서흥캅셀 창업주 양창길 회장(1923~2016)이 그들이라고 속내를 잘 아는 강화의 노인들은 증언한다. 한창수 회장은 강화에서 이북장사로 돈을 번 뒤 서울 을지로에 개성상회를 열었다. 강화에서 장사할 때는 개성상회 간판을 달지 않았고 강화읍 서문 밖 개인 주택을 세 얻어서 살

림집 겸 사무실로 썼다고 한다. 양창길 회장은 강화에서 고려 약방을 운영했다. 이북장사에서 가장 많이 거래되는 품목이 약이었는데, 그는 두 패거리 모두에게 약을 대주면서 큰돈을 벌었다. 이북장사 두 패와 양 회장, 셋 모두 개성 출신이었다.

이북장사는 오래가지는 못했다. 군의 내부갈등 때문이었다. 원용덕 헌병사령관 쪽에서 김창룡 특무부대장을 비위 혐의로 친 적이 있는데 이북장사도 표적이 되었다. 헌병대가 강화 사무실에 들이닥쳐 이북에서 가져온 물건을 싹 쓸어갔다. 김창룡은 이승만 대통령의 최측근으로 무소불위의 권력을 휘두르고 있었다. 그가 당한 이유는 이승만 대통령 특유의 파벌 견제 방식 때문이었다.

일본과 한국의 만주 군맥軍脈을 다룬 책《기시노부스케와 박정희》에서는 김창룡을 만주국 또는 일본 관동군 소속 장교나 헌병으로 위세를 떨친 대표적 인물로 소개한다. 이 책에 따르면, 김창룡은 관동군 헌병으로 있으면서 30여 개의 항일조직을 적발한 죄로 해방 후 북한에서 체포되어 사형을 선고받았다. 호송 도중 도망쳐 남한으로 내려와 국방경비대 장교가 되어 군 내부 좌익 색출로 이름을 떨쳤다.《인물로 보는 해방정국의 풍경》을 쓴 신복룡 교수는 김창룡의 별명이 '스네이크김(Snake Kim)'이었다고 소개한다. 북에서 사형 선고를 받고 구사일생으로 살아나 월남한 뒤 남한 군부를 비롯한 곳곳에 퍼져 있던 좌익 인사들을 뱀처럼 독하게 잡아냈기에 그런 별명이 붙었을 터다.

이런 김창룡도 결국은 같은 일본군 출신 헌병사령관 원용덕의 감시망을 벗어날 수는 없었다. 이승만 대통령은 전쟁 직후 원용덕의 헌병대와 김창룡의 특무대를 통해 군부를 견제하고 사찰기관 상호 간 경쟁을 유도하는 방식으로 권력기관의 독점을 방지했다. 군부에 파벌을 키워 서로 견제토록 하는 방식도 구사했는데 여기에 김창룡이 걸려든 거다. 하지만 당시 피바람을 몰고 왔던, 김창룡이 지원했던 이북장사 적발 소식은 철저히 묻히고 말았다. 군 내부의 비위를 밖으로 알리지 않고 비밀에 부친 거였다.

이북장사로 얻어진 이익은 개성상인들에게는 남한에서 일어설 밑천이 되었고, 부패한 군부 세력에게는 뒷돈이 되었다. 지금도 강화에 사는 노인들 중에는 당시 이북장사를 통해 들여온 물건을 갖고 있는 이들이 있다. 우리 현대사의 기막힌 사연을 증언하는 귀중품이다.

어느 집 짜장면이 맛있냐고요?

차이나타운

인천에 나들이 오는 사람들에게서 가끔 듣는 이야기가 있다. '차이나타운에서 짜장면 맛있게 하는 중국집을 소개해 달라'는 거다. 서울이나 경기도에 사는 이들이 식구들과 함께 차이나타운을 구경하고 한 끼를 때우려고 하는데 인천 사람에게서 진짜배기 짜장면 맛집을 소개받고 싶다니, 무슨 시험에 들기라도 한 듯 골똘히 고민하지 않을 수 없다.

주말이면 어깨를 부딪치지 않고 걷기가 어려울 만큼 사람들로 붐비는 인천 차이나타운은 이름 그대로 중국인 마을이다. 그들은 언제부터 인천에 살기 시작했을까. 꽤나 오래되었다. 1883년 인천항 개항과 맞물려 중국인들도 인천에 자리를 잡았다. 개항 직전 임오군란(1882년)을 명분으로 청나라 군대가 한반도에 진주했고 그때 군부대를 따라 장사하는 사람들도 함께 들어왔다. 일명 군역軍役 상인들이다. 이들이 개항장 인천에도 세력을 뻗쳤다. 《인천부사》에서는 '다섯 명의 청국인이 인천의 구세관 터 뒤쪽에 집을 짓고 식료품과 잡화류의 수입과 해산물의 자국 수출을 하였으며 영국, 미국, 러시아 등의 선박이 출입할 때 식료품과 식수를 공급했다'고 설명하고 있다. 중국인들은 자기 나라 개항장이나 일본에서 외국 선박과 관련된 일을 하면 돈을 벌 수 있다는 사실을 일찍이 알았기 때문에 낯선 곳이었지만 개항장 인천에도 누구보다 먼저 뛰어들었던 것이다.

인천문화재단이 2008년에 펴낸 《인천 화교사회의 형성과 전개》라는 책을 보면, 1883년 이곳에서 영업하던 중국인 점포는 7곳, 상인 수는 54명이었다. 특이한 점은 인천 앞바다에 배를 띄워 놓고 장사를 하는 선박 상점도 1곳(6명)이 있었다는 것이다. 무엇을 판매했는지는 정확히 알 수 없으나 아마도 생선

차이나타운에 있는 짜장면박물관.

©Han Gyual Oh / Shutterstock.com

류나 석유제품이 아니었을까 추측해 본다. 1년 뒤인 1884년에는 중국인 수가 202명으로 4배 가까이 늘어났으니 가히 폭발적이다. 큰돈을 벌 수 있다는 얘기가 중국인들 사이에 퍼져 돈을 좇아 인천으로 몰려든 것이다. 청나라 정부는 자국인들의 활동을 지원하고 관리하기 위해 서울에 한성상무총서, 그리고 전국의 개항장마다 상무서를 설치했다. 요즘으로 치면 대사관이나 영사관 같은 기능이다. 인천상무서의 상무는 서울의 총판상무위원이 겸하도록 되어 있었지만 별도의 상무를 파견했다. 인천이 그만큼 중요하다는 판단에서다.

인천 차이나타운의 역사에는 우리나라 근현대사의 질곡이 고스란히 녹아 있다. 급성장하던 인천 화교들은 1894~1895년 청일전쟁의 패배로 급격히 그 세가 위축되었다. 1914년에는 조선총독부가 아예 청국조계지 제도를 없애버렸다. 이런 와중에도 근근이 버티고 있던 화교사회는 일제의 계략에 의한 만보산사건이 터지면서 직격탄을 맞았다.

만보산사건은 1931년 중국 길림성 장춘현 삼구 만보산에서 중국 농민과 만주에 진출한 한인 농민 간에 발생한 충돌에서 비롯되었다. 일제는 이 사건으로 인해 만주의 수많은 한인 농민이 중국인들에 의해 피해를 입은 것처럼 거짓 정보를 흘렸다. 이를 곧이곧대로 믿은 한반도에서는 화교들을 배척하는 사건으로 비화했다. 화교 살해, 가옥 파괴, 재산 탈취 등 화교 습격은 인천에서 시작되어 전국으로 퍼져 나갔다. 수많은 화교들이 한반도를 떠났다. 한반도에서의 화교 배척 사태가 만주에서의 한인사회 습격으로 다시 이어지게 하려던 게 일제의 계략이었다. 그렇게 되면 한인 보호를 내세워 만주에 대규모 일본군을 주둔시킬 수 있다고 생각한 것이다. 하지만 그 흉계는 실현되지 못했다.

1937년 중일전쟁 발발로 또 한 차례 위기를 맞은 화교사회는 해방 이후 우리사회와 마찬가지로 조직을 재건하는 등 화려했던 옛 시절 되찾기에 나섰다. 1959년에 나온《경기사전》에는 인천의 공공기관 9개 중에 '인천화교자치구'를 포함시키고 있다. 대한적십자사경기지사, 인천상공회의소, 경기도어업조합연합회, 인천어업조합, 인천시축산협동조합, 경기도지구범선조합, 인천중앙공설시장번영회, 인천시원예협동조합 등과 함께 인천화교자치구가 인천을 대표하는 공공기관으로 당당히 이름을 올렸다. 경기도어업조합연합회 등 경기도를 대표하는 기관이 인천에 있었던 것은 당시 인천이 경기도의 제1도시였기 때문이다. 인천이 경기도에서 분리되어 직할시로 승격한 것은 1981년이고 광역시가 된 것은 1995년에 이르러서다.

화교사회는 1960년대에 접어들어 또 한 번의 위기를 맞았다. 박정희 정권이 들어선 1961년에 외국인에 대한 토지 소유가 전격적으로 금지되었다. 사실상 화교사회를 겨냥한 조치였다. 채소 농사를 주로 하던 화교들이 경작지를 소유할 수 없어 최대 피해자가 되었다. 화교들은 1953년과 1962년, 두 차례 있었던 화폐개혁 때도 회복할 수 없는 피해를 입었다. 교환 한도를 제한하는 바람에 주로 현금을 갖고 있던 화교들의 땀 흘려 번 돈이 휴지조각이 되고 말았다. 탄압은 여기서 그치지 않는다. 1970년에는 짜장면 값을 동결했고, 절미운동을 내세워 중국음식점에서는 쌀밥을 팔지 못하게 하는 바람에 볶음밥 메뉴가 사라졌다. 볶음밥을 팔았다고 영업정지를 당한 곳도 있었다. 이런 탄압 속에서도 화교사회는 버텨냈고, 오늘의 차이나타운을 형성했다.

인천 화교의 90퍼센트 이상은 산둥성 출신이다. 인천 부평에 있는 화교 공동묘지의 무덤 주인 95퍼센트가 산둥성 출신이다. 화교 공동묘지는 원래 미추홀구 도화동에 있었는데 1958년 인천대학 부지에 포함되면서 남동구 만수동 산6번지로 이장했다. 1990년에는 인천의 도시 확장사업에 따라 부평으로 다시 이전했다.

그럼, 처음 이야기했던 중국집 짜장면은 언제 어디에서 시작되었을까. 개항 이후 인천에 진출한 산둥 출신 노동자들을 위해 만들어진 음식이 짜장면의 출발이라는 게 대체적인 시각이다. 산둥에서 온 노동자들의 향수를 달래기 위해 산둥 출신 요리사들이 만든 고향 음식이라는 얘기다. 그런데 중국에서는 우리가 먹는 짜장면 같은 음식을 찾기 어려운 것을 보면 중국인의 면 다루는 솜씨와 우리 서민들의 입맛이 합작으로 만들어낸 음식이 아닐까 생각된다.

공갈빵도 차이나타운에서 처음 선보였다. 중구 선린동 화교학교 맞은편에 있는 '복래춘復來春'이라는 중국식 제과점에서 만들어냈다. 복래춘 주인 곡회옥曲懷玉 씨는 6·25전쟁이 터지던 1950년 서울에서 태어났다. 할아버지가 1920년대 초반에 산둥에서 한반도로 건너왔고, 서울에서 잡화점과 과자점을 운영하던 부모가 전쟁 중 인천으로 이사했다. 복래춘은 그의 아들이 잇고 있는 4대째 화교 과자점이다.

중국의 과자 제조방식은 밀가루를 주로 쓰는 북방식과 쌀을 재료로 삼는 남방식으로 나뉜다. 북방식은 바삭바삭하고 단맛이 덜한 반면 남방식은 말랑말랑하고 단 것이 특색이다. 복

공갈빵을 처음 만들어낸
복래춘제과점.

래춘은 산둥성 출신답게 북방식을 고집한다.

곡회옥 씨의 어머니는 인천에 자리를 잡자마자 중국식으로 빵을 만들어 인천역 부근에 있던 옛 부두에 나가 팔았다. 사람들은 빵이 큼지막하게 생긴 것을 보고는 그 속도 꽉 차 있는 줄 알았을 터. 받아보니 새털처럼 가볍고, 살짝만 힘을 줘도 산산이 부서지자 "공갈치는 것 아니냐"고 항의했다. 우리말을 잘 알아듣지 못하던 어머니는 집에 돌아와 '공갈'이 뭐냐고 물었다. 그리고 다음 날부터는 아예 '공갈빵'이라고 미리 말하고 팔았다. 공갈빵은 지금도 인기를 끌고 있다. 거짓은 오래 가지 못하는 법인데 공갈빵의 '솔직함'이 손님들의 마음을 사로잡은 모양이다.

요즘 인천 차이나타운에는 120여 곳의 음식점이 있다. 미용실이나 세탁소 같은 가게는 10곳 미만이다. 인천화교협회는 2019년 말 기준으로 인천에 사는 화교 인구를 3천여 명으로 보고 있다.

누구의 손에도 잡히지 않는 꽃

작약도

영종도 동북방, 월미도 서북방 바다 위에 작은 섬 하나가 떠 있다. 작약꽃 같이 생겼다 하여 작약도芍藥島다. 원래 이름은 물치도勿淄島 또는 무치도舞雉島였다고 한다. 이를 일제강점기에 작약도라 고쳐 불렀다. 행정구역으로는 동구 만석동에 속해 있으며, 공유수면과 육지면적을 합쳐 총 12만2538제곱미터 규모다. 작약도를 오가는 배편은 2012년 1월에 끊겼다.

지금은 사람이 살지 않지만 예전에는 인천의 이름난 관광지였다. 이야깃거리도 많았다. 인천 앞바다를 거쳐 한강으로 가기 위해서는 작약도를 지나야 했다. 병인양요나 신미양요를 일으킨 프랑스나 미국의 군함들도 이 작약도에 정박해 공격 태세를 점검했다. 병인양요 때는 프랑스 함대의 이름을 따서 '보아제 섬'이라 했고, 신미양요 때는 나무가 울창하다 하여 '우디 아일랜드'라고 불렀다는 이야기도 전해진다. 《인천지명고》에서는 작약도를 인천의 주요 관광지 12곳 중 다섯 번째로 소개하고 있다.

> 작약도는 영종도 동북방에 잡힐 듯한 거리에 있다. 원래의 이름은 물치도(勿淄島)이다. 영종진(永宗鎭)에 땔나무를 공급하던 수목지(樹木地)로 부천군에 예속된 섬이었으나 1963년 1월 1일에 인천시에 편입되었다. 일제 때에는 스스기라는 일본인의 소유였으나 해방 후 화수동에 살던 이종문(李鍾文)이란 사람이 여기에 고아원을 설치 운영하다 6 · 25와 더불어 폐쇄되었는데 그후 성창희(成昌熙)라는 사람이 불하받았다고 해서 한때 문제가 된 적도 있었다. (…중략…) 천혜의 지형과 수목으로 덮여 있는 작약도가 지금은 정태수(鄭泰守)의 개인 소유이며, 그 경관과 피서지로서 경향각지에서 관광객이 수없이 찾아들고 있다. 작약도란 이름은 섬 형태가 마치 작약꽃 봉우리 모양 생겼다고 지은 이름이라 한다.

이 책이 나온 때가 1993년이다. 당시의 주인이라던 정태수는 세상을 떠들썩하게 했던 한보그룹 회장을 말한다. 1997년 국제통화기금(IMF) 외환위기를 촉발시킨 정태수 회장은 해외 도피생활을 해 왔는데, 2019년 그의 넷째 아들이 체포되어 국내에 압송되고 나서야 2018년 12월에 사망했다는 사실이 드러나기도 했다.

작약도를 소유한 사람은 여럿이 있었으나 누구 하나 잘 된 경우가 지금까지 없었다. 조선시대까지는 섬을 개인이 소유하기 어려운 상황이었으니 당연히 왕실 소유였을 것으로 추정된다. 첫 개인 소유자는《인천지명고》에 등장하는 것처럼 일제시기의 '스스기(스즈키)'라는 일본인이다. 이 이름은 인천시립박물관의 이경성 초대 관장의 회고록인《어느 미술관장의 회상》에서도 거론된다.

> 작약도에 살던 스즈키라는 사람이 도자기를 많이 가지고 있다는 정보를 얻은 나는 홈펠 중위와 최원영과 더불어 찾아갔더니 이미 물건은 없어지고 그 집은 고아원으로 사용되고 있었다. 내친걸음에 정보를 수집하여 보니 그 유물들을 영종도에 옮겼다는 것이다. 그래서 영종도로 건너간 우리는 어느 민가 담 밑에 숨겨 놓은 한 트럭분의 도자기를 접수하였다.
>
> 그러나 작약도의 주인이었던 스즈키라는 일본인은 미술품을 보는 눈이 없어서인지 1000점에 달하는 것들이 모두 가짜였던 것이다.

해방 이듬해인 1946년 4월 1일 개관한 인천시립박물관에 전시할 유물을 찾아다녔던 사연의 일부이다. 일제강점기 일본인들의 도자기 유출을 적나라하게 보여주는 대목이기도 하다. 이경성 관장도 일부 도자기들이 가짜임을 모르고 몇 점을 골라 고려청자라고 인천시립박물관에 진열했던 모양이다. 해방 후 최초의 공립박물관이던 인천시립박물관에 가짜를 진열해 놓았다는 얘기가 어느 잡지에 실렸다. 이 관장은 톡톡히 창피를 당했다고 자서전에 썼다.

1976년 한보그룹에 넘어갔던 작약도를 한보사태 직전인 1996년 인천의 해운업체인 원광이 인수해 해상 관광단지로 개발하려 했다. 하지만 원광마저 부도가 났고, 2005년에는 진성토건이 매입해 대대적인 작약도 개발 계획을 발표했으나 진성토건 역시 부도가 나고 말았다. 이후 진성토건 채권단 손에 넘어갔다가 2020년 2월, 부동산 경매 중개 전문기업이 법원 경매를 통해 94억 원에 낙찰 받았다. 작약도는 운명적으로 개인이 소유할 수 없는 섬으로 보였는데, 이번에는 어떻게 될지 관심이 크다. 2019년 인천시는 작약도를 매입해 관광지로 개발하겠다고 발표한 바 있는데, 낙찰 기업으로부터 적정 가격에 사들일 수 있을지 모르겠다. 공공 개발을 통해 작약도의 기구한 운명이 제 자리를 잡고 시민들의 휴식공간으로 변신하기를 바란다.

작약도와 관련해 빼놓을 수 없는 이야기가 또 하나 있다. 여러 재력가들이 떼돈을 벌기 위한 관광지로 개발하려고 애쓰는 와중에도 작약도는 문학소녀들의 시심詩心을 돋우는 소중한 공간으로 기능했다. 이를 증명하듯 문둥이 시인으로 유명한 한하운(1919~1975)이 인천여고 학생들과 함께 작약도에 소풍을 갔다가 쓴 시가 전해진다. 〈작약도〉. '인천여고 문예반과'라는 부제를 달았다.

작약꽃 한 송이 없는 작약도에
소녀들이 작약꽃처럼 피어.
갈매기 소리 없는 서해에
소녀들은 바다의 갈매기.
소녀들의 바다는
진종일 해조음만 가득 찬 소라의 귀.
소녀들은 흰 에이프런
귀여운 신부
밥 짓기가 서투른 채
바다의 부엌은 온통 노랫소리.
(이하 생략)

이 시는《한국문학》1977년 6월호에 실렸다. 한하운 시인이 이때 인천여고 문예반 학생들에게 시를 가르쳤던 듯하다. 시인도 작약도라는 이름이 왜 그렇게 지어졌는지 궁금했나보다. '작약꽃 한 송이 없는 작약도'를 시의 첫머리에 올려놓은 것으로 보아 섬 이름을 그렇게 붙인 게 영 못마땅하다는 눈치다. 학생들은 작약도에 가서 밥도 지어먹을 정도로 오래 머물렀다. 서투른 밥 짓기가 시인의 눈에 잡히고 말았다.

최근 행정구역 관할 관청인 인천 동구가 작약도의 이름이 일제강점기에 엉뚱하게 지어진 점을 바로잡기 위해 예전에 불리던 물치도로 바꾸기 위한 작업에 나섰다. 이 안은 인천광역시지명위원회를 통과했으며 2020년 하반기 국가지명위원회를 통과하면 작약도라는 이름은 물치도로 환원된다. 하루 빨리 작약도가 공공의 영역으로 돌아와 지금 학생들도 작약도에 소풍가서 40년 전 문학소녀들과 문둥이 시인 한하운이 그랬던 것처럼 섬 나들이를 노래할 수 있는 날이 왔으면 좋겠다.

사연 속 중국 범종이 맞이하는

인천시립박물관

인천시립박물관 앞뜰에는 아주 특별한 종鍾 3구가 나란히 서 있다. 우리가 사찰에서 흔히 보는 부드러운 스타일이 아니라 어딘지 딱딱한 느낌을 주는 이 종은 중국에서 건너온 것들이다. 시립박물관은 도시가 지나온 이력에 비해 규모가 작은 편이지만 이 종들이 건네는 이야기는 특별하다.

연수구 옥련동 인천상륙작전기념관 위에 자리 잡은 인천시립박물관은 해방 이후 지방 정부가 처음 만든 박물관이다. 애초의 위치는 이곳이 아니었다. 1946년 4월 1일 중구 만국공원의 인천향토관을 개조해 개관했다. 초대 관장은 우리나라 미술평론 분야를 개척한 이경성 선생이다. 이 관장의 자서전《어느 미술관장의 회상》에 박물관 개관 당시의 이야기가 생생하게 펼쳐진다.

이경성 관장은 1945년 10월 31일 박물관장으로 발령을 받았고, 5개월여의 준비과정을 거쳐 국내 첫 시립미술관을 개관

했다. 개관식은 오전 10시 박물관 회랑에서 열렸다. 내빈으로 참석한 인사는 임홍재 인천시장, 길영희 인천중학교 교장, 황광수 인천시교육감, 미군정장관 스틸만 중령, 미군정 교육담당관 홈펠 중위, 그리고 인천의 유지들이었다. 길영희 교장이 교육감 앞에 놓였다는 점으로 당시 인천에서 길 교장의 위치를 가늠할 수 있다. 미군정에서 참석한 인사들도 시립박물관 설립에 중요한 역할을 했음을 알아둘 필요가 있다.

일본 와세다 대학에서 미학을 전공하며 박물관에 관심을 갖게 된 이경성 관장은 개성부립박물관장으로 있던 우현 고유섭(1905~1944) 선생과 편지로 교유하면서 박물관 관련 분야에 대해 배웠고 해방 때까지 그 관심을 놓지 않고 있었다. 해방 직후인 1945년 9월 미군정청 교화국장 최승만을 찾아갔고, 처음 만난 최 국장은 그 자리에서 국립중앙박물관 김재원 관장에게 전화를 걸어 "모처럼 기특한 젊은이가 생겼다"며 소개했다. 그때는 국립중앙박물관도 정식 개관을 하기 전이라 달리 할 일도 없이 열흘 쯤 서울의 사무실로 출근만 하고 있었는데, 어느 날 인천 미군정청에 근무하는 홈펠 중위가 찾아왔다. 그는 인천향토관 건물을 임대해 박물관을 만들어보자는 제의를 했다.

> 1945년 10월이 다 되어 가는 어느 날 인천으로 돌아온 나는 임홍재 시장을 만나고 향토관을 두루 살핀 후 그것을 시립박물관으로 만들 결심을 하였다. 그로부터 며칠 후인 1945년 10월 31일 인천시

장실에서 미군정관과 시 간부들이 있는 가운데 인천시립박물관장 발령을 받았다. 대우는 촉탁이고 월급은 300원이었다. 우선 개관 날짜를 만국공원 주변에 꽃이 만발하는 4월 1일로 정하고 준비에 착수하였다.

국내 첫 시립박물관, 그 첫 박물관장은 이렇게 태어났다. 미군의 아이디어로 시작해 1개월여 만에 예산도 한 푼 없이 관장부터 발령을 냈다. 이경성 관장은 건물 수리부터 했다. 홈펠 중위와 직접 지프를 타고 다니면서 인천기계제작소 등 여러 공장들에서 재료를 조달했다. 향토관은 독일인들이 조선 말기에 지은 세창양행 사택이었다. 건물 외관을 장식하는 12개의 아치가 아름다웠다고 한다.

건물 보수 이후에는 소장품 수집이 문제였다. 일본인들이 향토관으로 쓸 때 갖고 있던 선사유적이나 개화기 유물 또는 사진들이 일부 있었고, 국립중앙박물관 김재원 관장을 졸라서 문화재급 작품 19점도 빌려왔다. 국립민속박물관에서도 60점의 민속품을 빌렸다. 이들이 유물을 빌려준 이유는 인천시립박물관을 국립민속박물관 분관으로 삼으려는 공감대가 있었기 때문이다. 그러나 분관 설치에 따르는 예산을 확보하지 못해 이 안은 성사되지 못했다. 인천 세관창고에는 물러가는 일본인들의 물건이 몰수되어 쌓여 있었는데 이경성 관장은 그 창고를 1개월 정도 출입하면서 필요한 물건들을 가져왔다. 이 또한 미군정의 힘이 있었기에 가능했을 게다. 어떤 수집가로부터 골동품을 기증받기도 했다. 이 관장은 소장품 수집의 여섯 번째 일로 중국 종을 찾게 된 이야기를 소개했다.

> 하루는 국립중앙박물관에 들렀더니 김재원 관장이 인천부평조병창에 일본 사람들이 무기를 만들기 위하여 중국 각지에서 빼앗아 온 철물들이 있다는데 보았느냐는 것이다. 사실은 금시초문이었지만 아는 척하고 돌아와서 그 다음 날로 홈펠 중위와 함께 조병창에 가서 알아본즉 많은 종과 불상들이 있었다. 그 중에서 눈에 띄는 것을 몇 가지 골라 달라고 하여 미군 트럭에 싣고 송학동 박물관으로 가져온 것이다.

이때 가져온 3구의 중국 종이 지금 인천시립박물관 앞에 그럴듯하게 자세를 잡고 서 있는 것들이다. 원나라 때(1298년) 범종과 정확한 연대를 알 수 없지만 송나라 때 제작된 것으로 추정되는 범종, 그리고 명나라 때(1638년) 범종이다. 개인적으로는 가장 작은 명나라 범종이 맘에 든다. 덩치 큰 원나라와 송나라 것에는 공통적으로 '황제만세皇帝萬歲 중신천추重臣千秋'라는 글귀가 새겨 있다. 황제와 주요 대신들의 만수무강을 비는 내용이다. 그러나 명나라 종에는 '풍조우순風調雨順 국태민안國泰民安'이라고 썼다. 비바람이 적당하기를 빌고 국민들의 삶이 평안하기를 기원하는 내용이다.

앞에 인용한 예문 중에 '많은 종과 불상들이 있었는데 몇 가지 눈에 띄는 것만 골라서 가져왔다'고 했다. 그 많던 조병창의 불상과 종들은 어디로 갔을까. 우선 확인할 수 있는 곳은 강화 전등사다. 여기에도 시립박물관에 있는 것들과 겉모양이 비슷한 중국 종이 하나 있다. 제작 연대는 북송 시대인 1097년이라고 한다. 전하는 말에 의하면, 전등사도 일제강점기에 원래 있던 종을 빼앗겼는데 해방이 되자마자 주지스님이 부평조병창으로 달려갔다고 한다. 하지만 전등사 종은 이미 녹여버렸는지 찾을 수가 없어 옛 종과 가장 비슷한 것으로 골라 싣고 왔다고 한다.

인천시립박물관 앞에 있는 중국 종들. 앞에서부터 각각 원나라, 명나라, 송나라 때 제작된 범종들이다.

일제는 1930년대 후반 한반도를 넘어 중국 대륙까지 점령하기 위해 전쟁을 확대했다. 그 군수기지로 인천조병창을 세웠고, 한반도와 중국 지역의 민가는 물론 산속까지 뒤져 쇠붙이라는 쇠붙이는 모조리 공출해 왔다. 녹여서 무기를 만들기 위함이었다. 그때 끌려온 중국 종들은 1945년 8월 일본의 패배로 목숨을 건져 옛 이야기를 속울음으로 들려주고 있다.

인천 유일의 국보를 소장한

가천박물관

청량산 자락의 인천시립박물관이나 인천상륙작전기념관을 둘러보았다면 내친김에 가볼 곳이 있다. 가천박물관이다. 소장 유물의 폭과 깊이를 보았을 때 어느 박물관보다 귀한 시간과 가치를 품고 있는 곳이다. 시립박물관 주차장 옆 도로에서 흥륜사 방면으로 5분 정도만 걸어가면 된다. 주변이 고급 주택가여서 이런 곳에 박물관이 있을까 싶은 자리다.

가천박물관에는 인천 유일의 국보가 있다. 인천을 잘 안다는 사람 중에도 이 사실은 처음 듣는다는 이들이 많다. 주인공은 국보 제276호로 지정된 《초조본유가사지론 권 제53初雕本 瑜伽師地論卷第五十三》이다. '유가사지론'은 법상종 승려들이 공부하던 대표적 불교 경전 중 하나다. 당나라 현장玄奘(602~664)이 인도에서 가져와 번역했다고 한다. 고려 현종(1011~1031) 때 초조대장경을 만들면서 판각해 인출한 것이다. 가천박물관 소장품은 전체 100권 중 53권에 해당하는데, 각필角筆로 눌러 쓴 석독구결釋讀口訣이 발견되었다. 석독구결은 한문을 우리말로 읽기 위한 표시다. 각필은 색깔이 있는 것으로 눈에 띄게 쓴 게 아니라 뾰족한 나무나 뿔 같은 것으로 잘 보이지 않게 눌러 썼다는 얘기다. 초조대장경은 고려의 불교적 역량과 목판 인쇄술의 발전이 결합되어 이루어진 문화유산이다. 하지만 아쉽게도 원판은 몽골 침략 때 불에 타 사라지고 말았다. 인쇄본도 남아 있는 게 많지 않다.

가천박물관에는 국보 이외에도 보물 14건, 인천광역시 유형문화재 3건 등 총 19건의 지정문화재가 있다. 길병원과 한 식구여서 그런지 의료사 자료가 유난히 많다. 보물 제1178호 《향약제생집성방 권 6鄕藥濟生集成方卷之六》 등 8점의 의료 관련 보물을 갖고 있다. 의료 생활사 자료만 3500여 점이니 가히 국내 최대 의료 생활사 박물관이라고 할 수 있다. 900여 점의 의서를 포함한 고서도 1만1200여 권이나 소장하고 있다. 채약도구, 정리도구, 약연藥碾, 약장藥欌, 약 도량형, 침구 등 우리 조상들이 질병을 어떻게 극복했는지를 보여주는 당시 물건들도 눈길을 끈다. 약재를 갈 때 쓰던 약연이나 약을 빻아 가루로 만드는 데 쓰는 약절구, 유발, 약탕기는 예술작품처럼 멋진 모습을 하고 있다.

가천박물관에서는 우리나라 잡지 발행의 역사도 꿈틀댄다. 신문과 잡지 창간호 2만200여 점을 갖춘 창간호 소장 박물관으로 국내 최대 규모를 자랑한다. 일본 도쿄에서 조직된 영남 지역 유학생 단체 '낙동친목회'가 신교육 보급과 자주독립 사상 고취를 목적으로 발간한 《낙동친목회학보》(1907), 우리나라 근대 잡지의 효시로 일컬어지는 최남선의 《소년》(1908), 최초의 교육학습지 《장학보》(1908), 호남지역 교육과 주권수호운동을 펼치기 위해 조직된 호남학회의 기관지 《호남학회월보》(1908), 경기도와 충청도 지역을 기반으로 결성된 기호흥학회에서 발행한 애국계몽잡지 《기호흥학회월보》(1908) 등은 각 분야에서 앞서 나간 인물들이 잡지를 어떻게 활용했는지 보여준다.

최남선이 주도한 아동잡지로 순 한글이었던 《아이들보이》(1913)도 있다. '보이'는 소년을 뜻하는 'boy'가 아니라 읽을거리를 뜻한다고 한다. 의료 관련 잡지도 빼놓을 수 없다. 우리나라 최초의 한의학 학술지 《한방의학계》(1904)는 서구 문물과 의술이 밀고 들어오던 시기에 한의학계가 어떻게 대응했는지를 보여준다.

검찰이나 경찰 등 수사기관의 수사 과정에서 무척 중요한 판단 근거를 제공하는 게 법의학이다. 18~19세기 조선시대 법의학 수준을 가늠케 하는 자료도 가천박물관에서 볼 수 있다. 1792년과 1796년 정조의 명으로 편찬된 《증수무원록增修無冤錄》이다. 제목 그대로 '억울함을 없게 하라'는 왕명에 의해 만들어진 법의학서다. 사체의 시간대별 변화부터 사인 규명방법까지, 감정에 필요한 각종 사항과 절차를 담았다.

1845년(헌종 11년) 충남 아산지역에서 발생한 이소사 여인의 변사 사건 〈검시형도檢屍形圖〉도 있다. 시신의 앞면 54부위와 뒷면 26부위 등 총 80여 곳의 상태를 자세히 기록했다. 밭에 나가 김을 매고 있던 이소사가 동네에서 양반 행세를 하고 다니던 허삼손이라는 자에게 겁탈당하고 자살했다. 수사기관은 검시형도를 기초로 검시와 문초를 반복한 결과 사건을 해결했다. 허삼손은 '겁탈과 위협과 핍박으로 사람을 죽음에 이르게 한 자는 참한다'는 대명률 조항에 따라 참수되었을 것으로 추측할 수 있다.《증수무원록》과 〈검시형도〉는 하나의 세트로 봐야 한다.

가천박물관에는 추사 김정희(1786~1856)가 쓴 '藥殿약전'이라는 현판도 있다. 추사는 19세기 동북아시아 최고의 예술가로, 중국과 일본의 문화인들 마음을 사로잡았던 최초의 한류스타라고 할 수 있다. 현판은 추사의 글씨를 양각으로 새기고 파란색 안료를 칠했다. 어디에 걸려 있던 현판인지는 밝혀져 있지 않지만 약재를 취급하던 의약 관련 기관의 건물을 나타내기 위한 것으로 추정할 수 있다.

강렬하게 타오르고 사라진 도깨비불

배다리성냥마을박물관

요즘 어린이들은 '성냥'을 《성냥팔이 소녀》 속 소품 혹은 생일 케이크에 불을 붙이는 물건쯤으로 이해할 수도 있다. 하지만 한 시절 성냥은 우리 생활에 없어서는 안 될 필수품이었다. 아궁이에 불을 때기 위해, 밤중에 화장실이라도 갈라 치면 등잔을 밝히기 위해 부엌과 안방 등 집안 곳곳에 성냥을 놓아두어야 했고, 휴대용으로 주머니에 넣고 다니기도 했다. 집들이 선물로 성냥이 필수였고, 귀를 후비는 데도 그만 한 게 없었다. PR(홍보)용으로도 제격이었다.

2019년 3월, 헌책방거리가 있는 인천 동구 배다리에 성냥의 모든 것을 보여주는 '배다리성냥마을박물관'이 문을 열었다. 성냥을 발명하기 전에 불을 일으키던 도구인 부시와 부싯돌, 부시쌈지를 비롯해 다양한 형태의 성냥들을 전시해 놓았다. 제조공정도 일목요연하게 보여주고, 우리나라의 성냥공장들이 어느 지역에 퍼져 있었는지 지도를 통해 확인할 수도 있다. 2층에는 상표를 그리고, 접어서 성냥갑을 만들어 볼 수 있는 체험공간이 있다. 옛 동인천우체국 건물을 리모델링해 만든 작은 박물관이지만 우리나라 성냥의 역사를 한눈에 살펴볼 수 있는 귀한 공간이다. 배다리는 국내 최초의 기업 형태 성냥공장이 있던 자리이기도 하다.

한반도에 대규모 성냥공장이 들어선 것은 1917년 배다리에서 문을 연 '조선인촌주식회사'가 처음이다. 인촌燐寸은 '도깨비불'이란 말이다. 부싯돌을 쓰던 시절 성냥으로 단번에 불을 붙이는 걸 보고서는 다들 깜짝 놀라 그렇게 불렀으리라. 자본금은 당시 돈으로 50만 원이었고, 신의주에 성냥의 필수 재료인 나무를 켜는 제재공장도 부속시설로 갖추었다. 성냥 생산능력이 연간 7만 상자였다고 《인천부사》에 나온다. 이 책을 펴낼 당시 경기가 불황이었다고 하는데, 조선인촌주식회사에는 남자 100명, 여자 300명의 직원이 일할 정도로 규모가 컸다. 성냥의 하루 생산량은 평균 2만6900타. 타打는 일본식 단위로 12개 한 묶음이다.

성냥의 마찰면 발화재로 처음에는 황린黃燐을 썼는데 독성이 있고 인화점이 낮아 쉽게 불이 날 위험이 있기 때문에 1920년 안전한 적린赤燐으로 바꾸었다. 이때부터 조선 성냥의 품질이 일본제품에 뒤지지 않게 되었고, 수입해서 쓰는 양도 줄었다. 국내 성냥 수요를 배다리의 조선인촌주식회사에서 대부분 감당할 정도로 생산량이 많았다고 한다. 《인천부사》는 '작은 성냥 상자를 만들어 공장에 보급하는 조선인 가정이 500여 호에 달하는 조선 유일의 성냥공장이자 인천 공업의 자랑'이라고 조선인촌주식회사를 소개하고 있다. 성냥갑을 붙이는 가내 수공업으로 이어졌다는 얘기다.

성냥갑 붙이는 이야기는 현덕(1909~?)의 소설 〈남생이〉에도 등장한다. 1930년대 인천항 일대 풍경을 어린아이의 눈을 통해 실감나게 보여주는 내용이다. 주인공 노마의 아버지는 인

옛 동인천우체국 건물을 리모델링해 만든 '배다리성냥마을박물관'.

우리나라 성냥의 역사를 한눈에 살펴볼 수 있는 공간이다.

천항에서 소금을 져 나르는 막노동을 하다가 폐병을 얻어 구들장을 진 신세다. 부인이 생계를 책임져야 하는 처지인데 할 게 마땅치 않다 보니 인천항 선창가에 나가 오가는 사람들을 상대로 들병장수를 하게 된다. 술병을 들고 다니면서 잔술을 파는 일이다. 온갖 사람들로부터 희롱을 당하지만 돈을 벌기 위해서는 어쩔 수가 없다. 참다못한 노마 아버지는 집을 나서려던 부인의 술병을 빼앗아 내던지며 굶어 죽더라도 그 일을 그만두라고 한다. 그리고는 시작한 일이 성냥갑 붙이는 일이었다.

그 옛날 가정집에서 부업으로 하던 성냥갑 붙이는 일을 이처럼 질감 넘치게 보여주는 소설이 또 있을까. 노마 아버지는 부인이 거들면 두 배는 더 하지 싶지만 도와달라고 하기가 아니꼬워 앰한 노마만 볶아 일을 시킨다. 노마는 아버지의 시늉을 내 무릎 하나를 올려 턱을 괴고 앉아 작업을 한다. 그렇게 부자간에 붙인 성냥갑은 하루 천 갑 안팎이었다. 계산에 넣었던 양에 턱없이 떨어진다. 벌이가 될 리 없다. 그 시절 성냥갑 붙이는 일은 기술 없는 무일푼들이 입에 풀칠이라도 가능케 했던 마지막 수단이었다.

인천에 조선인촌주식회사가 들어서기 전에 우리는 성냥을 수입해서 썼는데 그 양이 어마어마했다. 청일전쟁 전후에 우리나라를 여행했던 이사벨라 비숍(1831~1904)은 《한국과 그 이웃나라들》에서 수입 성냥을 장에서 팔던 모습을 그렸다. 비숍이 청일전쟁 직후 들른 황해도 봉산의 7일장에서 본 여러 수입품 중 일본제 황린 성냥도 있었다. 그 시기에 서울 양화진 쪽에서 서양인과 일본인이 합작해 작은 성냥공장을 운영한 듯하다. 《인천부사》는 그 공장이 조선 최초의 성냥 제조업이라고 밝히고 있다. 또 1913년에는 대구에 소규모 성냥공장이 생겼는데 이내 문을 닫았다고 소개한다. 조선인촌주식회사가 들어서기 1년 전인 1916년에는 성냥 수입액이 80만여 원이었다고 기록했다.

조선인촌주식회사에서 일하던 사람들은 해방 이후 인천에 새로운 성냥공장을 여러 개 세웠으며 그곳에서 다시 성냥을 만들었다. 1947년에는 성냥 제조업 허가제가 도입되었다. 《경기사전》에는 1950년대 후반 인천의 성냥공장이 10개나 되었다며 소재지와 대표자, 종업원 숫자까지 상세히 밝히고 있다. 고려성냥합동공업사, 대한성냥공업사, 한양성냥공장, 목양성냥공장, 인송성냥공장, 동양성냥공업사, 한국성냥공장, 항도성냥공업사, 인천성냥공장, 평안성냥공장 등이다. 인천이 우리나라 대표 성냥 제조도시였음을 실감나게 한다.

이랬던 성냥이 1970년대 후반 라이터가 등장하면서 설자리를 잃었다. 이제는 성냥을 밀어냈던 라이터마저 보기 드문 시대가 되었다. 배다리의 작은 성냥박물관이 구도심 동구에 활력을 불어넣는 불쏘시개가 되었으면 한다.

3

문화 돋보기

최고의 사냥꾼
해동청 보라매

서울특별시 동작구에는 보라매공원이 있다. 옛 공군사관학교 터를 도심 속 쉼터인 공원으로 탈바꿈시켜 1985년 개장했다. 이 공원은 대한민국 공군의 상징인 보라매로 이름표를 달았다. 보라매, 사냥용으로 훈련시키기 위한 어린 매를 일컫는다. 공군 장교를 양성하는 기관의 상징으로 그 이미지가 딱 맞아 보인다.

보라매공원이 아니더라도 우리나라에는 매와 관련한 이름이 유난히 많다. 웬만한 산에 오르다 보면 매바위 하나쯤은 마주하게 된다. 겉모양이 매처럼 생겼다고 해서 붙은 이름들이다.

인천의 외딴섬 대청도 삼각산 자락에도 매바위가 있다. 대청도 여행객이라면 동백나무 자생지와 이 매바위 전망대를 찾기 마련이다. 대청도에는 매바위뿐만 아니라 매막골이라는 동네 이름도 있다. 매잡이들이 막사까지 쳐 놓을 정도로 많이 몰렸다는 얘기다. 대청도의 매 이야기는 조선 후기 이규경

(1788~?)의 《오주연문장전산고》 등 옛 문헌에 자주 등장한다. 작가 황석영도 대하소설 《장길산》의 서막을 이 대청도 매로 열어젖혔다. 대청도에 사는 해동청海東靑 보라매가 사냥용으로는 최고였다는 얘기다. 그 해동청은 장산곶 동네 사람들이 골치를 썩는 잡새들까지 막아주는 수호신이나 마찬가지여서 사람들이 가장 귀하게 여기고는 했다. 《장길산》에서는 이 해동청 매 세 살짜리가 쌀 열 섬에 팔린다고 했으니 꽤나 비싼 몸이었다. 옹진군에서는 이를 알리기 위해 매바위 전망대에 큼지막한 매 동상인 응상鷹像을 2015년에 세웠다. 대청도 해동청은 황해도 '장산곶 매'와 통한다.

요즘은 대청도, 백령도에서 그 해동청을 대하기가 쉽지 않다. 불과 몇 십 년 전까지만 해도 이들 섬에 사는 아이들은 매 새끼를 데려다 집에서 키우고는 했다. 동네 할아버지들 얘기에 따르면, 매는 사람들 손을 타지 않는 해안가 낭떠러지 절벽에 둥지를 틀었다. 하지만 동네 아이들은 포기하지 않았다. 절벽 꼭대기 나무에 동아줄을 묶고 그걸 타고 낭떠러지를 내려가 매 둥지를 뒤져 새끼를 꺼내오고는 했다. 군사작전 하듯 목숨을 내놓고 매 새끼를 차지한 것이다. 그러니 얼마나 애지중지 키웠겠는가. 개구리도 잡아서 먹이고 별것을 다 갖다 주었다. 그렇게 정성을 들였건만 매는 다 크고 나면 그만이었다. 그냥 훌쩍 떠나서는 다시 돌아오지 않았다. 얼마나 서운했는지 한동안 말없이 눈물만 흘리는 아이들도 많았다. 대청도나 백령도 매가 사라진 것은 서해5도에 군병력이 크게 늘어나면서부터라고 동네 어른들은 입을 모은다. 사격 훈련이 많아진 뒤로 매가 자취를 감추었다는 얘기다

남한에서 공군의 상징을 보라매로 삼았다면 북한은 국조國鳥를 참매로 공식화했다. 남북이 공통적으로 매를 민족의 기상과 연결시키고 있는 것이다. 김정은 국무위원장의 전용기 이름도 '참매1호'인 것을 보면 북에서 매를 얼마나 귀하게 여기는지 알 만하다.

매는 몽골과도 관련이 깊다. 보라매의 어원도 몽골어 보로boro에서 유래했다고 보는 의견이 있다. 매사냥은 몽골의 사치스러운 스포츠이자 군사훈련이었다. 몽골의 고려 지배 시기 매사냥 풍습이 이 땅에 전해졌을 가능성이 높다. 매사냥은 2010년 유네스코 인류무형문화유산에 등재되었고, 우리나라를 비롯해 몽골, 카자흐스탄, 독일, 체코 등 18개 나라가 공동 등재국이다. 몽골은 고려에서 수많은 해동청을 진상 받으려 했던 모양이다. 고려 충렬왕(1236~1308, 재위 1274~1308) 때 만들어졌다는 응방● 이 1277년 205개에 달했다고《고려사》는 기록하고 있다.

해동청이란 말이 어떻게 유래했는지에 대해서도 옛 문헌은 밝혀 놓았다. 조선 후기 실학자 한치윤이 쓴《해동역사海東繹史》는 중국 사료를 인용해 '고려에서 바다를 건너 날아왔으므로

● 고려 · 조선 시대에 매의 사육과 사냥을 맡아 보던 관아.

이름을 해동청이라고 한다. 물건을 움켜잡는 힘이 아주 굳세어서 고니를 잘 잡는다. 날아오를 때에는 바람을 일으키면서 곧장 구름에 닿도록 날아오른다'고 소개하고 있다. 매로 고니를 잡는 이유는 식용으로 쓰기 위해서가 아니라 고니가 먹은 조개 속 진주를 찾기 위해서였다고 한다. 해동청을 이용한 사냥은 귀족들의 고급 취미이자 스포츠였다. '일응이마삼첩一鷹二馬三妾(첫째가 매, 둘째가 말, 셋째가 여자)'이라는 말이 있을 정도였다.

여러 나라에서 전통문화로 생각하는 매사냥을 그 본고장이라 할 대청도와 장산곶을 중심에 놓고 남과 북이 함께 살려내면 좋겠다.

연평도에서는 개도 돈을 물고 다녔다

연평도 조기

바다의 고장 인천에서 대표 어종魚種이 무엇이냐고 묻는다면 어떻게 대답해야 할까. 난감하기 그지없다. 우럭? 꽃게? 밴댕이? 새우? 선뜻 답하기가 머뭇거려진다. 한 시절 누구나 인정하던 인천의 상징 어종인 조기가 있었지만, 지금은 딱히 집어 말할 수 없게 되었다. 많은 물고기들이 어느 순간 인천 앞바다에서 자취를 감추어 버렸기 때문이다.

조기. 머리 부분에 하얀 돌 두 개가 들어 있어 석수어石首魚라고도 하는 조기는 연평도 앞바다에서 잡힌 것을 제일로 치던 시절이 있었다. 조기를 사고팔기 위해 바다에 시장이 섰다. 파시波市다. 조기는 회유성 어류라 2월 하순까지 동중국해에서 월동한 뒤 3월에 흑산도 앞바다로 올라온다. 4월에는 전북 부안군 칠산 앞바다까지 북상하고, 5월이면 덕적군도를 거쳐 연평도 앞바다에서 산란한다. 5월에서 6월까지, 이때 잡히는 연평도 조기가 알이 꽉 차고 굵은 최상품이었다.

이 조기를 잡기 위해 전국의 배들이 연평도로 몰려들었다. 조기잡이는 매월 음력 보름과 그믐, 즉 조수가 가장 높이 밀려드는 사리 때가 적기다. 뱃사람들은 5월과 6월의 사리 때를 '연평 때' '연평 사리'라고 불렀다. 어선과 상선이 배를 댈 수 없을 정도로 몰렸으니 그 선원들이 잠잘 곳, 술집, 음식점, 선구점 등 온갖 상점이 번성했다. 뱃사람이 있으면 늘 색싯집이 따라다니게 마련이다. 섬 연구자 강제윤에 따르면, 1936년 연평도 파시 때 신고된 요리점이 300개, 음식점이 53곳, 카페 1곳, 이발관 9곳, 목욕탕 3곳, 여인숙 5곳, 대서소 2곳 등이었다. 등록된 작부가 95명, 예기가 5명이었다. 등록하지 않은 작부가 더 많았을 터이다. 해방 후인 1947년 연평도에는 500호의 가옥에 주민

연평도 등대.
연평도는 조기 파시 때
'개도 돈을 물고 다닐' 만큼
성황을 이루었다.

3000여 명이 살았다. 이 중 파시 때 색주가로 바뀌는 집이 260여 호나 되었으니 연평도 주택의 절반 이상이 색싯집으로 둔갑했다는 얘기다. 거기에 등록된 작부만 400여 명이었다고 한다. 조기 떼를 좇아 한몫 잡기 위해 왔던 선원들은 흥청망청 돈을 뿌려댔다. 돈이 얼마나 많이 돌았던지 '연평도에서는 개도 돈을 물고 다닌다'는 말이 나돌았다.

조기잡이로 흥하기만 한 것은 아니었다. 사고도 많았다. 엄청나게 돈을 번 사람도 많았지만 생명을 잃은 이들도 부지기수였다. 2001년 문 연 조기역사관 앞에 서 있는 비석 하나가 이를 말해준다. '조난어업자위령비遭難漁業者慰靈碑.' 1934년 6월 2일과 3일 있었던 태풍 사고로 인해 숨진 이들을 위한 비다. 연평도에 정박해 있던 배 323척이 파손되면서 204명이 목숨을 잃었거나 크게 다쳤다.

안내판에는 '황해도 수산회에서는 1934년 9월 연평어업조합 서쪽에 이 비를 세워 피해 영령을 위로하였다'고 적혀 있다. 황해도 수산회에서 비를 세웠다니 이게 무슨 말인가. 당시 연평도는 황해도 관할이었다는 사실을 알려준다. 연평도는 고려 시기부터 줄곧 해주에 속해 있었다. 해주가 황해도에 소속되어 있었으니 연평도에서 빚어진 사고는 황해도지사의 소관업무였다. 해방 이후 경기도 옹진군 송림면으로 개편되었고, 1995년 인천광역시에 편입되었으며, 1997년에야 연평면으로 이름을 되찾았다.

위령비 앞면 왼쪽에는 '황해도지사 정교원 서黃海道知事 鄭僑源書'라는 작은 글씨가 새겨 있다. 당시 황해도지사 정교원은 일제강점기에 행정부서 요직을 거치면서 출세가도를 달린 친일파 중 한 명이다. 일제가 태평양전쟁 막판 우리 학생들까지 전선으로 내몰며 마지막 발악을 하던 1943년에는 학병 참여 독려 강연반에서 뛰기도 했다. 이런 친일파가 쓴 비명은 구천을 떠도는 조기잡이 선원들에게 위안이 될 수 없다고 생각해서일까. 위령비는 아랫부분이 잘렸던 흔적이 있다. 누군가 두 동강 냈던 것을 다시 이어 붙인 것으로 보인다. 이 글을 쓰는 지금 2019년은 3 · 1운동이 일어난 지, 임시정부가 수립된 지 100년

태풍으로 숨진 선원들의 영령을 위로하는 '조난어업자위령비'.

이 되는 해다. 친일파들의 망령은 100년 세월 동안 과연 얼마나 제거되었을까.

그토록 많은 이들이 목숨을 내놓으면서까지 잡으려고 달려들었던 연평도 조기가 어느 순간 감쪽같이 사라졌다. 우선은 전쟁과 분단으로 연평도 앞바다에서 조기잡이를 맘 놓고 할 수 없게 된 것을 그 이유로 들 수 있다. 1968년 남한 정부가 연평도 북쪽으로는 어선 통행을 금지시켰다. 어선들의 북한 구역 월선 조업을 막기 위한 조치였다. 또 하나는 (실제로는, 가장 큰 이유일 수도 있지만) 오랜 세월 계속된 남획이 문제였다. 산란장에 도착하기도 전에 전라도 서남해안에서 씨가 마를 정도로 잡아버렸다. 연평도 조기 파시는 그렇게 막을 내렸다.

조기에 얽힌 어릴 적 추억도 덧붙인다. 제사나 차례를 지낼 때마다 어머니는 조기를 준비하시곤 했다. 안방에 차리는 상 이외에 또 다른 상을 내셨는데 작은 쟁반에 밥과 국, 그리고 조기 한 마리씩을 올려 앞마당과 뒤뜰, 샘터 3곳에 짚을 깔고 올려놓았다. 조상들에게만 예를 갖추기 미안해서였는지, 그쪽 방면을 지키는 귀신들에게도 상을 차려주신 게 아닌가 짐작한다. 쟁반을 내놓고 차례가 끝난 뒤 걷어오는 일은 막내인 내 몫이었다. 그때마다 나는 내놓을 때와 걷어올 때 음식에 차이가 생겼는지 유심히 살피곤 했다. 누군가를 위해 차린 상이니 먹은 흔적이 있을지 모른다고 생각한 것이다. 물론 한 번도 흔적을 발견하지는 못했다. 어머니가 식구들의 반찬으로 자주 장만하신 생선도 조기였지만 그때의 조기는 연평도 조기가 아니었을 것이다. 1960년대 후반에 태어난 내가 연평도 앞바다에서 잡힌 조기를 먹었을 확률은 얼마나 될까.

근현대사 품고 있는 표지석 따라간

한국 최초 천일염전지

'한국 최초' 중에는 인천이 주인공인 것들이 많다. 바닷물을 가둬 증발시킨 뒤 소금을 얻는 천일염 제조 방식도 인천에서 처음 시작되었다. 그 현장에 '한국 최초의 천일염전天日鹽田지 표지석'이 있다. 우리나라 최초의 천일염전 지대 주안염전의 시작점이다. 주안은 미추홀구(옛 남구)에 속해 있는데 표지석은 부평구 십정동에 있다. 행정구역이 바뀌면서 그렇게 되었다. 표지석에는 위치 표기가 '인천직할시 북구 십정동 558-7'로 되어 있다. 인천이 직할시이던 1988년에 세워졌다고 한다. 그 이전 것도 있었을 터인데 어디로 갔는지 확인할 길이 없어 아쉽다.

대한민국 근현대사의 파노라마를 펼쳐 보일 수 있는 이 표지석을 찾아가기가 여간 어려운 게 아니다. 내비게이션에 주소를 찍었다. 석바위 인천가정법원 앞 도로를 거쳐 홈플러스 간석점을 지나 6공단 사거리에서 좌회전해 100여 미터 지점에 닿으니 목적지에 도착했다는 음성 신호가 나온다. 도로 위에 있을 뿐인데 다 왔다고 하니 당황스럽다. 주변을 둘러보니 폐차장 같은 곳이다. 걸어서 찾는 게 나을 거 같아 한적한 곳에 차를 세우고 내렸다. 공장지대를 둘러싼 보도 위를 한 바퀴 돌고 두 바퀴째, 같은 길인데도 처음 지날 때는 못 보았던 표지석이 담벼락 중간에 숨어 있는 게 눈에 띄었다. 잡초와 함께 먼지를 뒤집어쓰고 초라하게 서 있는 손바닥만 한 표지석이 그렇게 반가울 수가 없다.

한국 최초의 천일염전 터 표지석은 자동차 휠을 전문으로 다루는 '우주자원'의 담벼락을 이루고 있다. 우주자원 대표 전성용 씨는 이 자리에서 땅을 빌려 사업을 한 지 10년 정도 되

잡초와 함께 먼지를 뒤집어 쓰고 초라하게 서 있는 '한국 최초 천일염전 터' 표지석

었다는데, 표지석을 찾아오는 사람들이 가끔 있다고 했다. 비석을 닦거나 풀을 뽑기도 한다는 그 방문객들은 어떤 사연으로 그것을 찾아왔던 것일까. 표지석에 새겨진 것과 달리 정확한 주소지는 558-2번지였고, 이렇게 쓰여 있었다.

> 구한말(舊韓末) 융희(隆熙) 원년(1907년) 나라에서 천일제염을 계획하고, 주안에 1정보의 천일시험염전을 만든 것이 시초가 되어, 1911년에는 99정보의 천일염전을 완성함으로써 이곳이 한국 최초의 천일염전지가 되었다.

1정보町步는 3000평이다. 염전이 불과 4년 만에 29만7000평으로 늘었다면 천일염 생산이 대성공을 거뒀다는 얘기다. 그 성공의 대가는 누구에게 돌아갔을까. '나라에서' 계획했다니 대한제국 정부에게 돌아갔을까.

실상은 그렇지가 않았다. 일제는 허울뿐인 대한제국 정부를 앞장세움으로써 명목상으로는 대한제국이 천일염전을 조성한 것처럼 꾸몄다. 토지나 염전 조성 비용은 우리가 대고, 소금 생산에 따른 이익은 일제가 고스란히 가져가는 구조였다. 천일염 시험장이 오픈할 때 '총리대신 이완용, 농상대신 송병준, 내부대신 임선준, 탁지대신 고영희가 인천 주안리에 가서 소금 굽는 마당을 시찰한다더라'는 신문기사가 하루 먼저 보도되기도 했다. '소금을 굽는다'는 표현은 옛날 방식이었으니 잘못된 것이었다. 일제는 시험장에 소금 생산과 판매를 담당할 조직도 두었다. 처음에는 탁지부度支部 소속 출장소였다가 전매국專賣局 신설과 함께 소속을 옮겼다. 1925년 6월에는 전매국 주안출장소를 두고 그 안에 남동과 군자 파출소를 각각 설치했다. 전매국은 나중에 전매청으로 승격한다.

《경기사전》에는 '주안에 있던 전매청제염시험장이 1952년 미추홀구(옛 남구) 숭의동 440번지로 이전했다'는 기록이 있지만 인천시사 어디에서도 숭의동 제염시험장 부분은 보이지 않는다. 인천에서 25년째 살면서 숭의동이 염전지대였다는 소리는 들어본 적이 없다. 《경기사전》이 소개하는 것처럼 '면적 37정町 5반反, 연 생산량 2000톤'이라면 11만 평이 넘는 대규모인데 기록이 남아 있지 않다는 것도 이상해 직접 찾아 나섰다.

내비게이션은 숭의동 440번지를 찾지 못했다. 미추홀구청 지적 담당자들도 숭의동 제염시험장 얘기는 금시초문이라고 했다. 일제강점기에 작성된 토지대장을 뒤졌더니 숭의동 440번지의 첫 소유주는 1910년 등록한 '전학준全學俊'이었다. 프랑스 태생으로 답동성당 제4대 신부로 부임한 뒤 인천박문학교를 설립한 드뇌(1873~1947) 신부의 한국 이름이다. 지목地目은 염전이 아니라 대지였다. 주소지는 전매청제염시험장의 사무실이고, 염전은 그 주변일 수도 있다는 데 생각이 미쳤다. 일제강점기에 작성된 그 일대 지적공부地籍公簿를 살펴보니 염전 표시가 나왔다. 지금의 수인선 숭의역 일대는 원래 바닷물이 드나드는 갯골이었는데 1933년 매립되어 염전이 되었다. 그리고 1972년 구획정리사업이 완료되면서 땅의 모습이 완전히 바뀌었다. 1970년대 이후 이곳에서 살아온 사람들은 이곳에 염전이 있었다는 사실을 알 수 없었던 것이다. 《경기사전》에 나와 있는 '전매청제염시험장'의 연혁이 지금 우리에게는 그래서 더욱 소중하게 다가오는지도 모른다.

> 4240년(1907) 9월 경기도 인천 부근 주안면의 간석지에 한국 최초의 천일염시험염전을 창설하였다. 4285년(1952) 11월 7일 전매청장 훈령에 의거 동년 12월 2일 인천시 숭의동 440번지로 위치를 이전하였다.

전쟁도 끝나지 않은 어수선한 상황에서 정부는 왜 제염시험장을 옮겼을까. 숭의동 제염시험장에 주어진, '생산 효율을 높이고, 빠른 시험 결과를 도출해야 한다'는 등의 시험과제를 살펴보면서 일단의 이유를 추측해 볼 뿐이다. 인천에 인구와 산업시설이 급격히 늘면서 주안염전으로 들어가는 갯골의 바닷물이 오염되는 바람에 새로운 시험장이 필요해지지 않았을까.

한국 최초의 천일염전이 인천 주안에 있었다는 사실을 알려주는 표지석, 그 시험장이 주안에서 숭의동으로 이전했다는 역사를 찾아 헤맨 시간은 어릴 적 보물찾기와 마찬가지로 맘 설레는 일이었다. 한편으로는 씁쓸한 뒷맛도 있다. 앞으로 얼마나 많은 이들이 이 표지석을 찾아, 인천에서 있었던 쓰라린 우리네 소금 산업의 시작과 그 변화 과정을 이야기하게 될 것인지 긍정적 신호가 잡히지 않으니 말이다.

인천 짠물의 진수

소금밭

흔히 인천사람을 '인천 짠물'이라고 부른다. 인심이 야박하고 인색하다는 부정도, 맹물보다 야무지고 근성 있다는 긍정도 함께 품고 있는 별칭이다. 하지만 인천이 소금의 본고장이었기 때문에 짠물일 수밖에 없기도 하다.

인천은 예로부터 곳곳이 소금밭이었다. 주안염전에서 천일염을 만들기 시작한 이후 남동염전, 군자염전, 소래염전 등이 잇따라 들어섰다. 주안염전은 1909년 88정보 이후 계속 증축해 총면적이 212정보에 달했다. 남동염전은 1921년 300정보 규모로 만들어졌고, 군자염전은 1925년 575정보로 시작해 603정보로 늘렸다. 이들 주안, 남동, 군자 염전은 관영이었다. 염전들은 갈수록 규모가 커져 《인천부사》에 따르면 이 세 곳에서 생산한 천일염이 당시 한반도 전체 수요의 21퍼센트를 차지했다고 한다. 소래염전은 1934~1945년 사이에 549정보 규모로 만들어졌다가 600여 정보까지 증축했다. 용현동과 숭의동 일대에도 염전이 계속 만들어져 인천의 해안 대다수가 천일염전 지대가 되었다.

일제가 대한제국 정부를 앞세워 천일염전을 조성한 것은 호렴胡鹽으로 불리던 값싼 중국 소금에 대항하기 위해서였다. 소금은 일본으로 수탈해 가는 중요 물자였으며, 이는 군수품 조달에 꼭 필요한 염화나트륨 등을 얻기 위해서이기도 했다. 염화나트륨은 폭약 등 각종 무기의 제조 과정에서 없어서는 안 될 기초 품목이다. 일제가 중국과 전쟁을 벌이던 1941년 화약, 뇌관 제조 공장인 조선유지화약공업朝鮮油脂火藥工業을 소래염전과 가깝고 남동염전과 맞닿아 있는 인천 고잔동에 설립한 것은 우연이 아니다. 인천의 조선유지화약공업 공장은 한국화약(한화그룹)의 모태가 되었다. 소래포구와 가까운 곳에 있던 한국화약 공장 터 자리가 지금은 대단위 아파트 단지로 변모했다. 최신식 주거지역에서 우리나라 화약산업의 역사와 소금밭 이야기를 연결하게 되다니, 참으로 별일이다 싶다.

천일염 이전에도 인천은 소금으로 유명했다. 바닷물을 끓여 얻는 자염煮鹽 방식이었다. 1530년에 편찬된 《신증동국여지승람》 '인천도호부' 편에는 인천의 주요 특산물 중 하나로 소금을 꼽고 있다. 또 고려시대 문인 이곡(1298~1351)의 시를 인용해 자연도紫燕島, 즉 영종도를 소개하고 있는데 여기에 소금 굽는 대목이 나온다. 영종도 쪽으로 뱃놀이를 갔던 모양이다.

가다가 자연도를 지나며, 삿대를 치고 한 번 한가하게 읊조린다.

> 갯벌은 구불구불 전자(篆字) 같고 돛대는 종종 꽂아 비녀와 같도다. 소금 굽는 연기는 가까운 물가에 비꼈고, 바다 달은 먼 멧부리에 오른다. 내가 배타고 노는 흥이 있어, 다른 해에 다시 찾기를 약속한다.

바닷물의 소금기를 가득 머금은 함수鹹水를 솥에 넣어 끓이기 위해서는 땔감이 엄청나게 많이 필요했다. 따라서 소금 생산을 위해서는 해안가, 특히 나무가 무성한 지역마다 염부鹽釜● 를 두었다. 인천에도 이런 곳이 많았을 게 틀림없다. 육지의 해안가는 물론이고 섬 지역의 해안가도 마찬가지였을 게다. 아주 오래 전부터 많은 이들이 소금 만드는 일에 매달린 이유는 단 한 가지다. 소금이 인간에게 꼭 필요한 요소이기 때문이다. 동서양을 막론하고 소금은 그 이름부터 아주 귀하게 인식되었다. 소금 염鹽 자는 신하臣가 소금鹵을 그릇皿에 담아 두고 지키는 모양에서 비롯했다. 서양 역시 마찬가지다. 월급쟁이를 뜻하는 샐러리맨의 샐러리(salary)가 소금(salt)에서 왔다. 고대 로마의 병사들이 급여를 소금으로 받았던 데에서 연유한 듯하다.

소금은 우리 생명을 유지시키는 데 꼭 필요한 요소 중 하나다. 전쟁 중에도 소금은 절대적으로 필요한 전략물자였다. 이순신 장군의 《난중일기》에는 소금과 관련한 기록이 여러 곳에

● 바닷물을 고아 소금을 만들 때 쓰는 큰 가마.

보인다. 전선戰線에서 중요한 일을 처리한 장졸들에게 하사품으로 '술 쌀 10말과 소금 1곡斛'을 보내기도 했다. 1곡은 10말이다. 쌀과 소금의 양을 똑같이 했다는 것은 그 값어치가 같다는 얘기다. 실제로 임진왜란 당시 소금값은 쌀값과 맞먹었다. 조선시대 선비 오희문(1539~1613)이 임진왜란과 정유재란 시기 피란살이를 하면서 쓴 일기 《쇄미록瑣尾錄》에 소금값을 알려주는 대목이 있다. 1596년(병신년) 12월 9일 자에 '소금 13두를 팔았더니 쌀 12두 6되이다'라는 내용이 그것이다. 이순신 장군은 이렇게 귀한 소금을 자체 조달하기 위해 위수 지역의 섬에 염장鹽場을 설치했다. 염장을 관리하는 감독관과 소금을 굽는 사람들을 별도로 배치했고, 소금이 나면 각 예하부대에 적절히

옹진군에 남은 시도염전. 염부들이 부족해
언제 문을 닫을지 알 수 없는 상황이다.

분배했다. 거북선만으로 일본군을 상대한 게 아니었다.

임진왜란 발발 360년 뒤, 그러니까 1950년대 초·중반 인천에는 섬마다 염전이 만들어지다시피 했다. 시도염전이 그 전형을 보여준다. 시도에서 오래 산 노인들의 얘기를 들어보면, 남녀노소 가릴 것 없이 섬 주민 모두가 나서서 갯벌에 둑을 쌓아 염전을 일구었다. 1951년 1·4후퇴에서 복귀한 이후 몇 년 동안 계속되었다. 남자는 돌덩어리와 흙을 등에 지고 날랐고, 여자와 아이들은 머리에 얹거나 가슴팍에 안고 날랐다. 동네 사람 모두가 나선 것은 밀가루나 보리쌀 같은 먹을 것을 일당으로 받기 위해서였다. 샐러리맨의 어원이 생각나는 대목이다. 당시 일한 주민들이 받았던 밀가루와 통밀을 '480 양곡'이라고 불렀다. 'PL 480', 미국이 1954년 법제화한 '잉여농산물 원조법'에 따라 자국 내 남아도는 농산물을 처리하기 위한 지원 양곡이었다. 시도염전이 토지대장에 등재된 것은 1959년이다. 지목은 염전, 면적은 15만1753제곱미터였다. 《옹진군지》(1989)에 따르면 이렇게 조성된 옹진군 내 염전이 1987년 4월 기준으로 총 53개였다.

인천의 대다수 염전지대는 공단지대 혹은 아파트 단지로 바뀌었다. 주안염전은 1968년 주안공업단지로, 남동염전은 1980년대 남동공단으로 바뀌었고, 소래염전은 1990년대 중반 기능을 상실했다. 그러나 거리 곳곳에는 아직도 그 흔적이 남아 있다. 주염로, 염창로, 염전로, 염골근린공원 사거리 등의 지명은 그곳이 한때 염전이었다는 사실을 혼잣말처럼 전해준다. 사람들은 무심코 그 길을 지나친다.

현재 인천에 남은 상업용 염전은 중구 을왕동의 동양염전과 옹진군 시도의 시도염전 둘 뿐이다. 이곳도 일하는 염부들이 턱없이 부족해 언제 문을 닫을지 알 수 없는 상황이다. 백령도의 백령염전은 노동력 부족으로 2017년 가을부터 생산이 중단되었고, 인천광역시 대공원사업소가 운영하는 남동구 소래습지생태공원 염전은 관광체험용 시설이다. 인천지역 천일염 생산량은 2016년 1020톤, 2017년 820톤, 2018년 775톤으로 곤두박질치고 있다. 아무래도 인천에는 소금박물관이 필요해 보인다. '짠물' 인천의 속살 같은 도시 변천사를 깊숙하게 그려낼 수 있도록 말이다.

도둑이 끊이지 않던 귀한 약재

강화인삼

한국 인삼은 세계적인 장수식품, 건강식품으로 꼽힌다. 인삼의 학명인 '파낙스 진생*Panax ginseng*'의 파낙스는 만병을 다스리는 약이라는 뜻이다. 인삼의 효능이 만병통치약 수준으로 좋다는 얘기다.

강화도에는 인삼센터가 몇 곳 있다. 외지인들이 찾기 쉽도록 강화대교나 초지대교 입구, 버스터미널 근처에서 특산물인 강화인삼을 판다. 판매센터는 각각의 인삼조합이 별도로 관리한다. 규모가 큰 인삼조합에는 400명 가까운 조합원이 가입되어 있다. 강화도 사는 함민복 시인도 강화대교 입구에서 인삼 장사를 한다.

강화도 인삼이 유명해진 것은 개성인삼 덕분이다. 강화도에서 언제부터 인삼이 재배되기 시작했는지는 확실히 밝혀지지 않았지만, 전문가들은 1900년대 초반 개성에서 인삼 농사를 짓던 사람들이 왕래하면서 강화도의 인삼 재배가 시작된 것으로 보고 있다. 이후 6 · 25전쟁 때 강화로 피란 온 개성 사람들이 인삼 농사에 합류하면서 인삼밭이 급격히 늘었다.

1970년대 전국의 인삼 경작 면적을 비교해 보면, 강화도는 홍삼에서 압도적인 1위를 차지했다. 백삼은 금산에 이어 2위였다. 1980년 발행된 《지리학》 제22호에 실린 논문 자료를 근거로 한 내용이다. 해방 후 국내 첫 문화원 잡지로 1948년 창간된 《강화》에 실린 당시 강화군청 공무원의 기고문을 보면, 해방 후 전쟁 전까지는 강화의 인삼 재배 면적이 많지 않았다. 보리가 가장 많았고, 채소, 감자, 과일 등이 뒤를 이어 인삼은 밭벼에도 미치지 못했다.

개성인삼의 시작점도 명쾌하게 밝혀져 있지는 않다. 연구자들은 경상도 산간이나 전라도에서 시작되어 개성으로 전파되었을 것이라고 보고 있다. 개성의 향토사학자 송경록이 지은 《개성 이야기》에서조차 '오랜 옛날부터 인삼을 재배했다'고만 언급한다. 개성인삼의 시초를 실감나게 그린 장면은 소설에서 볼 수 있다. 황석영의 《장길산》이다. 전라도 화순에 살던 모녀母女가 산삼 재배기술을 알고 있었다. 그들은 어찌어찌하여 개성으로 흘러들었지만 죽을 지경으로 가난에 시달려야 했다. 그들에게 개성상인 박대근이 다가갔다. 장길산의 후원자 역할을 하게 되는 인물이다. 개성의 자본과 전라도 산삼 재배기술이 만나 개성인삼이 되었다는 게 우리나라 최대 이야기꾼으로 꼽히는 황석영의 풀이다.

개성의 인삼 재배방식은 어떠했을까. 강화에 사는 개성 출신 인삼 재배 노인들의 얘기를 들어보면 참으로 힘겨운 과정을 거쳐야 한다. 삼밭에 거름을 주고, 삼을 심고, 종삼種蔘을 키우는 일이 만만치 않다. 4~5년 근에서 씨앗을 채취해 종삼을 만들고, 그걸 깨끗한 모래에 섞어 아침저녁으로 100일 동안 물을 주어야 한다. 종삼을 옮겨심기 전에 삼포에 거름 주는 일도 보통 정성이 아니다. 좋은 거름은 구벽토, 구재, 가답 세 가지를 섞어야 한다. 오래된 집터나 벽에 붙은 흙이 구벽토고, 솥이나 굴뚝, 방고래 같은 곳에 쌓인 검댕이 구재다. 낙엽이나 콩 썩은 것이 가답이다. 요즘은 이름도 낯선 이런 것들을 구해 거름을 만들어 삼밭에 내야 했다. 지금 강화에는 개성 전통방식에 따라 인삼농사를 짓는 사람이 거의 없다. 80대 후반 노인들만이 겨우 기억하고 있을 뿐이다.

해방 직후 강화인삼조합은 정부에 전매국 지정구역으로 편입해 달라고 줄기차게 요구했다. 전매국 산하로 들어가면 수매제도가 있어서인지 인삼 판매에서 여러 가지로 편리한 측면이 많았던 모양이다. 1946년 10월, 정부는 강화인삼조합을 개성관내로 편입시켰다. 개성인삼과 강화인삼이 아예 한 몸이 되어 버린 거였다.

전매국에서 수매한 인삼도 주민들이 일일이 껍질을 벗기고 다듬어야 했다. 그것도 고된 노동이었다. 그 인삼 껍질 깎는 장면은 개성 출신 소설가 박완서의 산문집 《두부》에 실린 '개성

사람 이야기' 속에 생생히 드러나 있다.

> 송도시내에 사는 여자들이라고 다들 장롱 걸레질, 솥뚜껑 행주질만 하고 산 것은 아니다. 그들도 기회만 있으면 체면 가리지 않고 경제활동에 나섰다. 수매한 인삼을 백삼으로 만들려면 껍질을 벗겨야 한다. 그때가 가정부인들이 빈부나 지체를 가리지 않고 부업에 나서는 때이다. 조합 너른 마당에 큰 맷방석에다 인삼을 산처럼 쌓아놓고 여자들이 둘러앉아 대나무칼로 인삼 껍질을 벗긴다. 한 맷방석에 아홉 명, 열 명, 혹은 열한 명씩 둘러앉는다. 열심히 손도 놀리고 입도 놀리며 껍질을 벗기기 시작하면 대개 오전 중에 끝난다. 작업이 끝나는 대로 임금이 지불된다.

인삼 껍질 벗길 때 가장 힘든 것은 얽힌 뿌리 다듬는 일이다. 뿌리가 사람 인人자 모양으로 곧게 뻗어 있으면 좋지만 서로 얽혀 있는 '악바리'는 작업하기가 여간 어려운 게 아니다. 고집 세고 모진 사람을 일컫는 악바리란 말이 인삼 껍질 벗기는 작업에서 나왔는지도 모를 일이다.

전매국을 통하지 않는 밀매도 성행했다. 인삼 밀거래는 오래된 얘기여서, 조선 말기에는 인삼밀매범을 효수梟首에 처할 정도로 엄하게 다루었다. 1930년대에도 밀매범 단속이 심했다. 1933년 1월 23일 자 〈동아일보〉에는 '홍삼 밀매범 인천에서 검거'란 제목의 기사가 실렸다. 강화에 사는 사람이 홍삼 35개를 갖고 서울로 가는 기차를 타려다가 경찰에 붙잡혀 조사를 받는다는 내용이다. 당시에는 강화에서 서울로 가기 위해서는 강화나루에서 중구나 동구 쪽 부두를 오가는 여객선을 이용해야 했다. 그리고는 인천역에서 서울행 기차를 탔다. 값나가는 물건이라 인삼 도둑도 많았다. 강화도에서 4년 근이 지나면 삼포마다 관리자를 내세워 야간 순찰을 돌았지만, 도둑을 막지는 못했다.

서울에서 배달시켜 먹었다는 맛

인천냉면

인천은 밀가루 음식과 유난히 깊은 인연을 맺고 있다. 짜장면이 인천에서 태어난 것은 널리 알려진 사실이다. 제면공장에서 실수로 빚어진 굵은 면발을 동네 분식집이 창의성을 발휘해 전 국민의 입맛을 사로잡게 만든 쫄면도 인천이 고향이다. 그런데 100년 역사의 짜장면이 일제강점기에서 1950년대 초반에 이르기까지는 인천을 대표하는 음식에 들지 못했던 모양이다. 대신에 호떡과 냉면이 그 자리를 차지하고 있었다. 1955년 발간된 고일高逸(1903~1975) 선생의《인천석금》에 자세히 나와 있다.

인천에서 명물로 치는 것은 호떡과 냉면이다. 큼직하게 부풀어 오른 뜨끈뜨끈한 호떡을 입에 넣으면 사탕꿀물이 줄줄 흐른다. 한 개에 1전 했었다. 그것이 2전으로, 5전까지 올라가는 동안에 인천 호떡은 명물이 된 것이다.

냉면은 평양이 원조라고 하지만 인천 것을 못 따랐다. 지금은 축현~답동 간의 큰 길이 심한 경사가 없어졌지마는 그 옛날에는 용동 큰우물가로 올라가서 목연(牧燕)다방을 거쳐 평양관 길로 꼬부라지는 길이 큰 길이었고 내동 예배당 층층대 아래와 맞은 편 평양관 언덕 쪽이 높은 언덕길이 되어서 인력거꾼도 힘이 들게 되니 탔던 사람이 미안해서 내려 걷던 길이 바로 여기였다. 이곳이 인천냉면의 원조가 여러 집 있던 터전이다. 지금도 간혹 보이지만 색종이로 등기 같은 것을 매달았었다. 국수틀이 나무통이고 긴 방아자루 같은 데 사람이 드러누워서 층층대를 거꾸로 내려가듯 발로 내려 눌러 국수를 짜냈다. 갖은 고기 양념을 넣어서 한 그릇에 5전을 받았었다. 이것도 10전, 15전, 20전 이렇게 올라갔으나 인천냉면을 서울 사람이 더 많이 사 먹는 것이었다.

답동에 사정옥(寺町屋)이 있었는데 일본인은 이곳으로 많이 먹으러 왔다. 표관 활동사진이 끝나는 시간이 되면 이 집에는 앉을 자리가 없었고 서울 명동에 있던 주식취인시장에서도 장거리 전화를 걸어서 일부러 인천냉면 주문을 했던 것이다. 전화를 받으면 곧 주문한 수량대로 스무 그릇 이상이나 되는 것을 긴 목판에 싣고 자전거로 서울까지 배달하던 시절도 있었다. 서로 경쟁을 해서 경인 냉면배달 자전거 경주대회 같은 느낌을 준 일도 있었다. 그 후 기차 편을 이용하여 대량주문에 응했던 것은 자전거 배달로는 위험성과 신속성이 없는 데서 그리 된 것이었다.

좀 길게 인용한 이유는 옛 인천의 모습이 생경하게 다가왔기 때문이다. 호떡이 인천의 명물이었다는 얘기도, 서울에서 인천까지 전화로 배달시켜 먹었다는 것도 실감이 나지 않는다. '긴 방아자루 같은 데 사람이 드러누워서 층층대를 거꾸로 내려가듯 발로 내려 눌러 국수를 짜냈다'는 대목은 영락없이 19세기 조선의 풍속화가 기산箕山 김준근金俊根의 그림을 보고 쓴 듯하다.

얼음 구하기가 쉬워지면서 한여름에는 냉면 육수에 얼음을 넣어 먹었다. 서울에도 얼음 넣은 냉면이 있었다. 그런데 서울에서 인천냉면을 배달시켜 먹었다는 고일 선생의 얘기는 사실일까. 인천냉면을 치켜세우기 위해 지어낸 말은 아닐 게다. 당시 시대상을 떠올려 보면 고개를 끄덕이게도 된다. 여기서 핵심 키워드는 '미두米豆'다. 미두는 현물 없이 미곡을 사고파는, 미곡의 시세를 이용하여 약속만으로 거래하는 일종의 투기 행위이다. 비유하자면 주식거래 같은 거다. 그 미두와 인천냉면의 서울 배달이 도대체 무슨 연관이 있단 말인가. 그 연결고리 속으로 들어가 보자.

미두거래소는 인천에서 처음 생겨났다. 일제가 청일전쟁에서 승리한 직후인 1896년 일본인들에 의해서였다. 그들은 미두취인소取引所라 칭했으며 주식회사로 만들었다. '취인', 빨아들이듯 당겨서 싹 다 가져가겠다는 말 아닌가. 어감부터가 좋지 않다. 인천항은 평안도, 황해도, 경기도, 충청도, 전라도 일부

지역에서 생산되는 쌀을 비롯한 곡물의 집합처였다. 미두거래소에서는 쌀과 콩 그리고 석유, 명태, 방적사紡績糸, 금건金巾, 목면木綿 등 7가지 품목이 거래되었다. 대다수 취급품은 쌀과 콩, 즉 미두였다.

일본 상인들이 인천항에 거래소를 만들고 한반도의 미두를 일본으로 가져가려 한 것은 일본 본토의 곡물 수급 안정을 꾀하고 그 과정에서 막대한 시세차익을 노리기 위함이었다. 그들에게는 큰 이익을 가져다주었지만 그 폐해는 엄청났다. 일확천금을 노리고 미두에 손을 댔다가 쪽박을 차는 경우가 많았다. 고일 선생은 "만경평야의 끝없이 넓고 기름진 땅을 소유했던 전라도의 부농이 여관비도 못 내고 홀아비처럼 찬 방안에 웅크리고 있다"면서 "인천의 중견층 가운데 '미두 중독'으로 얼마나 많은 사람이 파산 당했으며, 그로 인하여 결국 얼마나 많은 이들이 사회적 지위도 버리게 되었던가! 미두꾼! 그 얼마나 불명예스럽던 인간의 칭호이더냐?"고 돈만을 좇다가 폐가망신이 속출하던 세태를 꼬집었다. 미두의 폐해를 고발하는 문학작품도 많다. 소설로는 채만식의 〈탁류〉와 이광수의 〈재생〉이 대표적이고, 채만식의 희곡 〈당랑의 전설〉도 있다. 미두에 있어서도 역시나 조선인이 망한다는 것은 일본인이 흥한다는 의미나 마찬가지였다.

이익이 크다 보니 일본인들 사이에서 인천의 미두거래를 놓고 싸움이 붙었다. 거래소를 서울로 옮기려는 쪽과 인천에 지켜 두려는 쪽 사이에서 치열한 로비전이 펼쳐졌다. 인천 거래소 취소와 재허가, 합병 등의 우여곡절을 거치면서 서울은 본점, 인천은 지점으로 결말이 났다. 인천파가 패한 것이다. 1932년의 일이다. 수많은 미두거래 관계인이 서울로 터전을 옮겨야 했다. 바로 이 지점까지 가야만 인천냉면의 서울 배달 얘기를 이해할 수 있다.

사람의 입맛은 보통 오랫동안 생활해온 그 동네 음식에 익숙해진다. 인이 박인다고 해야 할까. 인천의 냉면 맛을 잊지 못하는, 서울로 옮겨간 미두꾼들이 단체로 배달을 시켰을 것은 자명하다. 당시 인천냉면의 조리 방식이 구체적으로 드러나지 않아 그 맛이 어떠했는지는 짐작할 수도 없다. 하지만 냉면의 원조 격이라는 평양냉면이 인천에서도 성업했을 것은 분명하다. 다만 같은 평양냉면이라도 그 맛에서는 서울과 인천의 차이가 있었던 듯하다. 다른 음식도 그렇지만 냉면 맛 역시 한 집안에서 대대로 내려오는 특유의 손맛에 달려 있기에 가게마다 똑같지가 않았다. 인천 것은 양이 많으면서 가격은 훨씬 쌌을 게 분명하다. 고일 선생은《인천석금》에서 개항장 인천 음식의 특징을 설명하고 있다.

> 항도 인천은 부두 노동자와 정미 직공, 목도꾼, 지게꾼이 많기로 유명하고 곡물 관계의 객주 업자와 거간, 미두꾼, 절치기꾼이 섞여 살았던 곳이다. (…중략…) 이러한 인물로 구성된 항구이므로 옷

차림도 허름하고 음식도 대중적이며 값이 매우 쌌다. 축항에 화물선이 가득 차고, 선창에 짐배가 몰려들어 칠통마당이 한참 분주하면 미두꾼들이 여관마다 만원이었다. 그 시절 인천에 느는 것은 음식점뿐이었다. 그래서 그들은 서로 경쟁을 했다. 되도록 값싸고 맛좋고 분량이 많은 것이 번영하는 것이니, 우리나라 음식뿐만 아니라 일식, 중국식도 대중 본위로는 전국에서 인천을 당해 낼 수가 없었던 것이다.

1930년대, 그러니까 고일 선생이 30대이던 시기의 인천냉면 맛을 직접 찾아 나설 수 없는 게 무척 아쉽기만 하다. 지금 인천에서 가장 오래된 냉면집을 꼽으라면 단연 경인면옥이다. 중구 신포로 46번길 38에 있다. 1946년 이 터에서 문을 열었고, 1969년생 함종욱 사장이 3대를 잇고 있다. 할아버지의 형님께서 1944년 종로에서 처음 장사를 시작했고, 그 이태 뒤에 동생을 분가시키면서 경인면옥이 생겨났다고 한다. 할아버지는 평안북도 신의주 출신이고, 할머니는 함흥이 친정이었다. 평양냉면과 함흥냉면의 전통이 이 집에서 제대로 섞인 셈이다. 75년 전통의 경인면옥은 옛날 맛을 최대한 유지하려 애쓰고 있다. 1970년대까지는 동치미국물로 육수를 냈지만 냉동시설이 변변치 못해 맛을 유지하기가 어렵게 되자 소고기 육수로 바꾸었다.

메밀 70퍼센트 이상에 감자 전분을 섞어 만드는 이 집 냉면의 맛은 '아무 맛도 없는' 편에 가깝다. 함종욱 사장 역시 그렇게 말한다. "손님들이 그래요. 처음 먹었을 때는 무슨 맛인지 모르겠다고요. 그런데 두 번 세 번 와서 먹다 보면 그 맛을 알게 된다고들 합니다. 그러니 그 뒤로는 우리 집 단골이 되는 거지요."

경인면옥의 냉면 맛은 시인 백석白石(1912~1995)의 시에 그려진 딱 그 맛이다. 평안북도 정주 출신인 백석은 1941년에 〈국수〉란 작품을 내놓았다. 그 일부를 옮겨본다.

아, 이 반가운 것은 무엇인가
이 히수무레하고 부드럽고 수수하고 슴슴한 것은 무엇인가
겨울밤 쩡하니 닉은 동티미국을 좋아하고
얼얼한 댕추가루를 좋아하고
싱싱한 산꿩의 고기를 좋아하고

냉면은 겨울밤 방안에 화롯불을 펴 놓고 동네 사람 여럿이 모여 먹었던 듯한데, 이는 꽤 오래된 평안도의 전통으로 보인다. 신광수의 평안도 유람기라고 할 수 있는 《관서악부關西樂府》에도 냉면 노래가 한 수 들어 있다. 총 108수 중 97번째다. 평안북도 강계의 냉면 먹기 장면을 그렸다.

펄펄 눈 오는 밤 차가운 방에서
번철 화로 지펴 옹기종기 둘러앉아

희고 긴 면발의 강계면을

작은 은 소반에 말아 내오라 시킨다

백석의 시와 닮아 있다. 160년 이상의 시차가 느껴지지 않는다. 산꿩 고기를 넣었다는 백석의 시처럼 경인면옥에서도 1980년대까지는 꿩고기를 소고기 대신 쓸 때가 많았다고 했다. 산에 꿩이 사라지고 꿩 사냥꾼들이 보이지 않게 되면서 더 이상 쓰지 못했다. 동치미도 꿩고기도 이제는 옛일이지만, 독특한 냉면 맛을 알게 해주는 경인면옥을 나서면서도 머릿속을 떠나지 않는 생각. 정말로 인천에서 서울까지 냉면을 배달했을까?

막걸리와 헌책방의 상관관계

소성주와 배다리

여행의 즐거움 중 하나가 그 지역 음식과 술을 맛보는 것이다. 인천은 막걸리 소성주가 유명하다. 인생을 소풍에 비유했던 시인 천상병은 읊었다. 막걸리는 술이 아니고 밥이라고. 밥일 뿐만 아니라 즐거움을 더해주는 하나님의 은총이라고. 이보다 더한 막걸리 예찬이 있겠는가.

우리나라 막걸리 역사는 어디까지 올라갈까. 문헌상으로는 고려시대에도 막걸리와 유사한 술이 있었다. 1123년 고려에 외교사절로 왔던 송나라 문신 서긍徐兢이 쓴 《고려도경》에 나온다. 질그릇 술독 항목에서 고려의 술 이야기를 한다.

> 고려에서는 찹쌀이 없어서 멥쌀에 누룩을 섞어 술을 만드는데, 빛깔이 짙고 맛이 진해 쉽게 취하고 빨리 깬다. 왕이 마시는 것을 양온(良醞)이라고 하는데 좌고(左庫)에 보관하는 맑은 법주(法酒)이다. 여기에는 두 종류가 있는데, 질그릇 술독에 담아서 누런 비단

으로 봉해 둔다. 대체로 고려인들은 술을 좋아하지만 좋은 술을 구하기가 어렵다. 서민의 집에서 마시는 것은 맛이 텁텁하고 빛깔이 진한데, 아무렇지도 않은 듯이 마시고 모두들 맛있게 여긴다.

서긍이 말하는 '서민의 집에서 마시는 텁텁하고 진한 빛깔'의 술, 우리가 요즘 마시는 막걸리를 설명한 느낌이다. 서긍은 고려에 들어올 때 하루, 귀국하는 길에는 6일이나 인천 영종도에서 묵었다. 영종도는 그 시절에는 자연도紫燕島라 했는데 제비들이 많아 그렇게 이름 붙었다고 한다. 붉은 노을에 비친 제비가 마치 자줏빛으로 보였기 때문이리라. 영종도에 머물며 먹은 음식에 대해서는 '음식은 10여 종인데 국수가 먼저이고 해산물은 꽤 진기하다. 그릇은 금 · 은을 많이 쓰는데, 청색 도기도 섞여 있다. 쟁반 · 소반은 모두 나무로 만들어 옻칠을 했다'고 적었다. 고려의 접대가 푸짐했던 모양이다. 국수를 맨 먼저 냈다는 것이 특이하다.

서긍이 고려에서 보았다는, 술을 담아서 보관하는 질그릇 독이 어떻게 생겼는지 구체적으로 알 수는 없으나 커다란 항아리임에는 분명하다. 딱 그 질그릇 독을 떠올리게 하는 커다란 항아리를 몇 년 전 인천 옹진군 시도의 양조장 취재를 갔다가 본 적이 있다. 북도양조장이었는데 거기서는 도촌주島村酒라고 하는 시도 막걸리를 제조해 팔고 있었다. 이름 자체가 '섬마을 술'이니 정답기 그지없다. 양조장 대문 밖 담벼락 아래에는 아주 오래된 옹기를 거꾸로 엎어 놓았다. 밑이 깨져서 쓸 수 없는 것을 광고판처럼 양조장 상징물로 쓴 것이다. 가만히 쳐다보다가 깜짝 놀랐다. 아니, 일제시기에 만든 막걸리 제조용 옹기가 아닌가. '쇼와昭和' 표기가 선명했다.

쇼와 연간은 1926년부터 1989년까지이다. 해방 이후에 제작했다면 쇼와 연호를 새기지 않았을 터다. 그렇다면 1926년부터 1945년 해방 이전에 만들었다는 얘기가 된다. 막걸리를 숙성시키는 발효실에도 똑같은 항아리들이 여러 개 있었다. 표면에는 '경기개량옹천형京畿改良甕天型'이라고 쓰여 있었다. 서울과

일제시기에 만든
막걸리 제조용 옹기.

경기 지역의 전통적인 옹기 양식을 개량해 만들었음을 알려준다. 그 아래로는 술의 용량과 담근 시기 등을 적을 수 있는 칸을 세로로 표기해 두었다. 사람도 많이 살지 않는 섬에서 일제시기에 제작된 막걸리 항아리를 마주한 기분은 참으로 묘했다.

일제는 이 항아리에 적힌 쇼와 연간이 시작되던 1926년에 술을 만드는 데 필수적인 누룩 제조업자 합동 정리를 단행했다. 인천에서는 그 이듬해에 '인천누룩제조조합'이라는 회사가 만들어지고 공장이 들어섰다. 판매구역은 인천부, 부천군, 강화군, 김포군이었다. 지금의 인천광역시 행정구역이 거의 포함되어 있다. 시도에 양조장이 들어선 것은 화려했던 조기 파시와 관련이 깊다. 조기 떼를 따라 수많은 어선과 어부들이 섬으로 몰렸으니 거기에 술이 빠질 수 있겠는가. 조기를 잡으러 사람이 왔고, 그 사람들을 좇아 외딴 섬에까지 양조장이 들어온 거였다.

인천을 대표하는 막걸리, 소성주는 인천의 옛 이름에서 따왔다. 신라 때 인천을 부르던 이름이 소성邵城이었다. 《삼국사기》 '소성현邵城縣' 항목을 보면, '본시 고구려 매소홀현買召忽縣인데, 경덕왕이 (소성으로) 개명했으며, 지금의 인주[仁州, 경원매소慶原買召라고도 하고 미추彌鄒라고도 한다]이다'라고 했다.

이 소성이라는 이름을 막걸리에 붙여서일까, 아니면 맛이 으뜸이어서일까, 소성주는 인천을 대표하는 술로 우뚝 섰다. 소성주라는 이름은 1990년에 생겨났다. 우리나라 업계 최초로 출시한 100퍼센트 쌀막걸리의 첫 상표에 '邵城酒'라고 한자로 썼다. 그 전에는 그냥 '인천 막걸리'였다.

소성주를 만드는 회사는 '인천탁주'다. 1974년 대화주조, 동영주조, 부림주조, 부천양조, 영화양조, 인천양조, 주안양조, 창영양조, 계림주조, 태안양조 등이 합쳐 하나의 회사를 만들었다. 공장은 부평구 청천동에 있고 대화주조 출신 정규성 대표가 이끌고 있다. 그는 한국막걸리협회 회장도 맡고 있다.

참여사들 중 가장 오래되었으면서 옛 양조장의 공장 모습을 아직까지 간직하고 있는 것은 인천양조다. 인천 동구 배다리에 있다. 헌책방거리 삼거리에서 창영초등학교 쪽으로 가는 골목 초입의 2층짜리 건물이 옛 양조장이다. 그 앞에는 로봇 모

인천에서
가장 오래된 양조장인
'인천양조주식회사'.
한자로 쓴 문패가
아직 걸려 있다.

양의 양철 조형물이 서 있어서 외지인들도 찾기 어렵지 않다. '인천양조주식회사'라고 한자로 쓴 문패도 아직 걸려 있다.

양조장과 왼쪽으로 맞붙은 한옥은 주인이었던 임영균(1904~1966) 선생 가족이 살던 집이다. 임영균 선생의 장인 최병두 선생이 1920년대에 설립했던 것을 집과 양조장 그대로 사위가 떠맡았다. 임영균 선생은 일제시기 치과의사이면서 언론인으로, 또 문화인으로 커다란 발자취를 남긴 인천의 대표적 인물이다. 《경기사전》에 나온 이력에는 맡은 직책이 7가지나 된다. 인천양조주식회사 사장을 인천 언론 역사의 큰 뿌리를 이루고 있는 '주간 인천' 사장에 이어 두 번째로 적은 걸 보면 당시 양조장 사장의 지위를 짐작할 수 있다.

임영균 선생이 살던 집과 인천양조장을 처음 방문한 것은 2007년 7월이었다. 그때는 며느리와 손자가 살고 있었다. 양조장 건물은 '스페이스 빔'이라는 문화단체가 입주하기 위해 인테리어 공사를 하는 중이었다.

인천양조장이 있는 배다리는 인천의 대표적인 헌책방거리다. 잘 나가던 시절에는 서울 청계천, 부산 보수동과 함께 전국 3대 헌책방거리로 꼽혔다. 헌책방은 6 · 25전쟁 직후인 1953년 창영초등학교 정문 앞에서 노점 형태로 시작되었다. 1960년대 접어들면서 배다리에 가게 형태로 자리를 잡았고, 헌책방 수도 늘어났다. 한창 때는 40여 곳이 성업해 부산 헌책방 장수들이 와서 책을 사가기도 했다. 봄 신학기가 되면 학생들이 줄을 서서 책을 사 '봄에 벌어 1년을 먹고 산다'는 말이 나왔다고 한다. 지금은 아벨서점을 비롯해 5곳 정도만 남았지만 옛 모습을 많이 간직하고 있어서 지난 시절을 배경으로 하는 드라마나 영화 촬영지로 유명세를 타고 있다.

배다리의 헌책방거리와 양조장. 같은 동네에 있다는 것 말고는 전혀 연결고리가 없어 보인다. 거기 임영균 선생이 등장하는 순간 얘기가 달라진다. 선생의 선친이 인천에서는 최초로 책방을 했기 때문이다. 책을 파는 서점이라기보다는 빌려주는 세책貰冊이었다. 그 책도 인쇄하고 장정한 게 아니라 창호지 같은 데다 목판으로 찍거나 붓으로 쓴 뒤 묶은 거였다. 삼국지, 유충열전, 옥루몽, 수호지, 춘향전, 심청전 따위의 소설책이

옛 모습을 간직하고 있는 헌책방 '아벨서점'.

많았다. 하루 빌리는 데 동전 한 푼이면 되었다. 저녁에 밤참을 먹어가면서 등잔불 아래 가족이나 이웃끼리 여럿이 모여 대독하는 방식의 책 읽기가 성행하다 보니, 글을 읽을 줄 모르는 노인들까지 책에 빠져들었다고 한다. 남자들은 삼국지류를, 여인들은 옥루몽 같은 것을 읽었다. 며느리가 시어머니에게 책을 구성지게 읽어주면 고부간의 사이도 좋았다 하니 책이 가정의 화목까지 도모해 준 셈이다.

인천의 책 읽기 열풍을 몰랐던 것일까. 잡지 《개벽開闢》은 1924년 6월호와 8월호에 인천 특집 기사를 게재했는데 책방 하나 없이 돈만 밝히는 도시로 혹평했다. '인천아, 너는 어떠한 도시?'란 타이틀을 달았다. 기사는 '군자는 반드시 어진 마을을 택하여 기거한다는데 인천은 이와 반대로 연애소설이나 유행잡가 한 권도 사볼 만한 책방 한 곳이 없다'면서 '이 골목 저 골목 백주대로에서 산 사람의 눈깔이라도 뽑아 먹을 수만 있으면 덤벼 보려고 껄떡껄떡하는 고리대금 아귀쟁이들의 발호하는 꼴을 보고는 참말 대학목약을 찾기에 겨를이 없을 모양'이라고 신랄하게 비판했다. 오래된 인천의 세책 전통을 알았더라면 이렇게까지 혹독한 평가를 내리지는 않았을 듯하다. 아마도 돈 놓고 돈 먹기 식인 미두시장의 폐해를 지적한 게 아닌가 싶기도 하다. 위 기사에 등장하는 '대학목약'은 당시 유명했던 안약 이름이다. 돈만 좇는 인천의 세태를 보노라니 눈병이 날 지경이라는 얘기다.

분명한 것은 인천에도 책을 빌려주는 세책점이 있었고, 그 책방의 주인은 인천양조장 주인 임영균 선생의 선친이었다. 소성주와 인천양조장, 그리고 배다리 헌책방거리로 이어지는 이야기 타래가 재밌게 얽혀 있다.

묘비명의 의미를 헤아려보다

비석군

김포에서 강화대교를 건너 강화도에 들어서 왼쪽으로 얼마 되지 않는 거리에 강화전쟁박물관(옛 강화역사관)이 있다. 매표소 바로 옆에 비석들이 줄지어 서 있는 모습이 장관이다. 모두 69기로, 인천에서 가장 큰 규모의 비석군이다. 이 비석들은 저마다의 사연을 품고 있어 작은 노상박물관과도 같다. 조선시기 강화 부사府使나 유수留守 등을 지낸 이들의 선정비가 대부분이다.

부사 황림黃琳(1517~1591)의 선정비는 인천에서 가장 오래된 선정비로 1572년(선조 5년)에 건립되었다. 1873년에 세워진 유수 이용희(1811~1878)의 영세불망비는 19세기 신미양요 직후 강화 주변지역의 군사적 편제를 알 수 있게 해준다. 뒷면에 비를 세우는 데 도움을 준 12명의 직책과 이름이 적혀 있는데 모두 군軍 관련 직책들이다. 첨사가 7명, 만호가 3명, 별장과 권관이 각각 1명씩이다. 초지나 덕포, 월곶, 인화 등 강화도 지역은 물론이고 멀리 떨어진 영흥첨사나 덕적첨사 등도 이름을 올렸다. 영흥과 덕적의 수군도 강화 유수의 통제를 받았음을 알 수 있다.

1636년 병자호란 때 목숨을 바쳐 싸운 세 명의 충신을 기리는 삼충신사적비도 있다. 강화도를 공격하는 청나라 군대에 맞서 월곶진에서 싸우다 전사한 황선신(1570~1637), 구원일(1582~1637), 강흥업(1575~1637)의 비다. 삼충신사적비 앞면에는 깊게 파인 총탄 흔적 같은 게 두 곳이나 있다. 6 · 25전쟁 때의 상처가 아닌가 싶다. 300년의 세월을 뛰어넘어 두 전쟁의 아픔을 전하고 있는 듯하다.

일종의 자연보호 표석인 금표禁標와 임진왜란 때의 명나라 장수 오종도吳宗道를 기리는 오종도비는 이곳에 서 있기에는 이채로워 눈에 띈다.

금표는 1733년 영조 임금 시절에 세워진 강화유수부의 경고문이다. 가축을 놓아기르는 자는 장杖 100대, 쓰레기를 함부로 버리는 자는 장 80대에 처한다고 쓰여 있다. 한자로 되어 있는데, 가축을 기르거나 쓰레기를 들고 다녔을 하층민들이 한자를 제대로 알았을까. 또 장 100대면 사람이 죽어 나갈 만큼 혹독한 형벌이다. 형구形具의 크기와 때리는 강도에 따라 다르겠지만 장이 얼마나 무서운지 한 가지 사례만 살펴보자. 조선시대 중죄인의 심문 기록인 〈추안급국안推案及鞫案〉을 보면, 금표가 건립되던 같은 해 6월 9일 이영남이라는 죄인은 추국청에서 다섯 번의 심문을 받으면서 매 30대씩을 맞았다. 먼저 네 번의 심문 때 맞은 장독이 쌓였겠지만 그는 다섯 번째 30대의 매질을 견디지 못하고 그날로 죽고 말았다. 가축을 놓아먹이고, 쓰레기 좀 버렸다고 그 무서운 형벌을 내렸다니! 이 금표와 당시의 형벌 체계에 대해 좀 더 알아보고 싶은 마음이 생긴다.

외국인으로서 강화 비석군에 들어선 오종도는 1597년 명의 수병을 이끌고 왔는데, 강화 주민을 잘 보살펴 그가 돌아갈 때 주민들이 갑곶나루에 비석을 세웠다고 한다. 본래 갑곶나루 진해루 안쪽 언덕 위에 있었으나 2000년 지금의 비석군으로 옮겼다. 강화도에는 명나라와 관련된 마을 이름도 있다. 강화읍 용정리 보명동保明洞은 '명나라를 지킨다'는 뜻이다. 1592년에 명나라 총병摠兵 이여매李如梅가 우리나라에 왔는데, 그의 자손들이 계속 머물러 살면서 마을 이름이 그리 되었다고 한다. 고재형(1846~1916)의 옛 강화도 여행기 《심도기행沁都紀行》에 나오는 얘기다.

인천 도심 한가운데에도 비석군이 있다. 미추홀구 관교동 인천향교 앞에 역대 인천부사들의 공덕비 18기가 있다. 맨 처음 것은 1627년 부사 이후천의 선정비고, 맨 나중 것은 1876년 건립한 관찰사 민태호의 것이다. 한 사람 선정비를 2기나 세운 경우도 있다. 여러 곳에 흩어져 있던 것을 1949년 인천도호부 청사가 있던 문학초등학교 앞으로 한데 모아 비석군을 형성했다. 그리고 1970년 지금 자리인 인천향교 앞으로 이전했다. 미추홀구는 이 비석군을 향토문화유산 제3호로 지정해 관리하고 있다. 인천향교 옆 인천도호부청사는 2001년 옛 모습을 재현한다면서 새로 지은 건물이다.

비석군에는 기단만 남아 있는 것도 있는데 을사오적 박제순(1858~1916)의 공덕비가 있던 자리다. 여기 18기 속에 포함되어 있던 그 공덕비는 2005년 12월, '친일파의 공덕을 기리는 게 적절하냐'는 논란이 일면서 전격 철거된 뒤 방치되어 왔다. 인천광역시와 미추홀구는 2020년 3월 1일, 3 · 1운동 101주년을 맞아 철거된 박제순 공덕비를 비석군으로 옮겨 눕혀 놓았으며 그 옆에 '부끄러운 역사의 흔적을 애써 지우기보다는 우리 후손들에게 반면교사의 교훈을 주고자 한다'는 '단죄문'을 세웠다.

인천에는 이밖에도 부평부사 비석군, 교동부사 비석군, 영종첨사 비석군 등이 있다. 비석은 오래도록 그 자리에 서 있으면서 옛 이야기를 전하는 시간의 통로다. 문제는 거의 대부분이 한자로 써 있다는 점이다. 요즘 젊은이들은 한자를 아예 모르는 경우가 많다. 비석에 쓰인 한자 내용을 한글로 풀이한 안내문을 보거나 문화유산 해설사에게 듣는 방식으로라도 비석군을 찾아 나설 필요가 있다.

많은 이들이 고려나 조선 시기에 세워진 비석은 다 한자로 쓰여 있을 거라고 생각할 것이다. 하지만 그렇지 않다. 한글로 된 비석도 있었다. 18세기 숙종 시절 호위대장을 지낸 김주신

金柱臣(1661~1721)이 부모의 묘역에 한글 비명을 묻었다. 서울 태생인 김주신은 5세 때 부친상을 당하고, 24세에는 모친마저 세상을 떴다. 부모를 일찍 여의었기에 그리는 심정도 각별했을 터. 부모 묘역에 묻는 비명을 한글로 쓰고 그 이유를 따로 적었다.

> 만일 불행히도 농사꾼이나 목동이 이 돌을 얻어 명(銘)이 무엇을 뜻하는지 알지 못한다면, 이 명을 수장한 까닭은 헤아려 보지도 않은 채 이것을 버리고 봉분을 훼손하지 않을 이가 몇이나 되겠는가.

한자를 알지 못하는 누구라도 비명의 내용을 이해할 수 있도록 한글로 새겼다는 얘기다. 김주신이 말한 것처럼 아무리

강화 비석군은 모두 69기로, 인천에서 가장 큰 규모다.

훌륭한 글이라 하더라도 그 뜻이 무엇인지 전해지지 못한다면 아무런 소용이 없다. 역사 속으로 우리를 안내하는 인천의 옛 비석들을 좀 더 쉽게 들여다볼 수 있도록 비석마다 안내판을 달고 있으면 좋겠다.

4

기억해야 할 인물

고려시대 인천광역시장

이규보

인천 어디에서나 보이는 산이 계양산이다. 높이는 395미터로 낮은 편이지만 정상에 방송 송출탑이 우뚝 솟아 있어 다른 산과 뚜렷하게 구분된다. 인천 시민들의 사랑을 많이 받다보니 주말이나 휴일에는 사람에 치여 산을 오르기 어려울 정도로 붐비는 곳이기도 하다. 그 계양산에 올라 역사인물을 뒤돌아본다면 땀 흘린 보람이 더 커지지 않을까. 계양산과 관련된 역사인물로는 고려시대 대문호 이규보(1168~1241)와 조선 중기의 의적 임꺽정이 있다. 이규보의 이야기를 풀어본다.

이규보는 인천의 산하와 풍물을 가장 먼저 문헌에 남긴 인물이다. 1219년 여름부터 1220년 여름까지 1년여 동안 계양부사를 지냈다. 그는 몽골의 고려 침략 때 강화도로 수도를 옮긴 1232년부터 74세를 일기로 타계할 때까지 강화에서 살았고, 지금도 강화에 묻혀 있다.

계양부사 발령을 받았을 때 이규보는 유배형이라도 당한 듯 괴로워했다. 수도 개성에서 볼 때 바닷가 계양은 시골구석일 뿐이었기 때문이다. 인천에 도착해 자신이 묵을 숙소의 꼬락서니를 보고는 망연자실했다. 〈자오당기自娛堂記〉에 그 심정을 담았다.

> 고을 사람들이 산기슭의 갈대 사이에 있는, 마치 달팽이의 깨어진 껍질 같은 다 쓰러진 집을 태수(太守)의 거실이라고 했다. 그 구조를 살펴보니, 휘어진 들보를 마룻대에 걸쳐 놓고 억지로 집이라고 이름 했을 뿐이다.

1219년 6월 24일에 썼으니 800년이나 지난 일인데, 초라하고도 궁색하기 그지없는 관사의 모습에 할 말을 잃은 표정이 역력하다. 이규보는 그래도 대시인답게 형편없는 관사에서 스스로 즐기며 지내겠다면서 당호堂號를 '자오당自娛堂'이라 지었다. 명색이 한 고을의 수령인데 그렇게까지 열악한 집을 내주었을까 싶기는 하지만 시를 거짓으로 썼을 리 만무하기에 믿지 않을 수 없다. 이 자오당 터는 지금은 계양구청 소속 양궁선수단의 훈련 장소가 되었다. 양궁장 한가운데 '자오당'이라는 표지석이 서 있다.

〈자오당기〉 중 '달팽이의 깨어진 껍질 같다'는 표현이 눈에 들어온다. 옛 사람들은 가난한 집안 구조를 이야기할 때 달팽이껍질에 비유하곤 했다. 이규보 말고도 조선 후기 한 · 중 · 일의 문화 아이콘이라 할 만한 추사 김정희는 1851년 7월부터 1852년 8월까지 유배되어 있던 함경도 북청의 거처를 달팽이 껍질 같다고 했다. 유홍준 교수가 다시 펴낸 평전《추사 김정희》에서 소개한 북청 시절 편지를 보자.

습기 찬 하늘에 오랜 비는 마치 미인이 한 번 성내면 쉽사리 풀어지기 어려움과 같구려. 눈앞에 해가 반짝하면 비록 잠시의 기쁨은 있으나 서쪽 구름은 오히려 뭉쳐 있습니다. 유배객은 여전히 달팽이 껍질 속에서 더위도 마시고 습기도 마시곤 하니 가련한 신세라오.

이규보는 그 달팽이껍질마저 깨어졌다고 했으니 추사보다 한 발 더 나아가기는 했다.

이규보는 계양산에 자주 올랐다. 술을 마시고 놀기도 하고, 자신이 통할하는 관내 풍경을 즐기기 위해서였다. 만일사萬日寺와 명월사明月寺라는 두 절이 정상 부근에 있었다고 하는데 지금은 그 터조차 찾을 길이 없다. 만일사 누대에 올라서면 인천 앞바다가 훤히 보였던 듯하다. 〈계양망해지桂陽望海志〉란 제목으로 그 모습을 기술했다.

처음 만일사의 누대 위에 올라가 바라보니, 큰 배가 파도 가운데 떠 있는 것이 마치 오리가 헤엄치는 것과 같고, 작은 배는 사람이 물에 들어가서 머리를 조금 드러낸 것과 같으며, 돛대가 가는 것이 사람이 우뚝 솟은 모자를 쓰고 가는 것과 같고, 뭇 산과 여러 섬은 묘연하게 마주 대하여, 우뚝한 것, 벗어진 것, 추켜든 것, 엎드린 것, 등척이 나온 것, 상투처럼 솟은 것, 구멍처럼 가운데가 뚫린 것, 일산처럼 머리가 둥근 것 등등이 있다. 사승(寺僧)이 와서 바라보는 일을 돕다가 갑자기 손가락으로 섬을 가리켜 말하기를, "저것은 자연도(紫鷰島), 고연도(高鷰島), 기린도(麒麟島)입니다." 하고, 산을 가리켜 말하기를, "저것은 경도(京都)의 곡령(鵠嶺), 저것은 승천부(昇天府)의 진산(鎭山) · 용산(龍山), 인주(仁州)의 망산(望山), 통진(通津)의 망산입니다." 하며, 역력히 잘 가리켜 주었다. 이날 내가 매우 즐거워서 함께 놀러온 자와 같이 술을 마시고 취해서 돌아왔다.

요즘 계양산에서 볼 수 있는 것과는 전혀 다른 풍광이다. 개성 부근에서부터 서울, 김포, 영종도 일대까지 한눈에 조망할 수 있었다는 얘기다. 16세기 조선시대에 나온 《신증동국여지승람》 '부평도호부' 편에는 이규보의 〈자오당기〉나 〈계양망해지〉 등을 자세히 인용해 계양산과 그 일대의 옛 모습을 기록하고 있다. 조선시대 사관들에게 이규보의 작품이 매우 요긴하게 쓰인 것 같다. 지금은 그가 보았던 섬들과 연안의 모습이 청라신도시로, 수도권쓰레기매립지로 변해 사라져버렸다.

이규보의 묘에 대해서도 곁들일 게 있다. 강화군청에서 길

상면 전등사 가는 길 옥토끼우주센터를 조금 지나 우회전하면 이규보 묘역이 있다. 지방기념물 제15호로 보호받고 있다. 이 묘는 불과 150여 년 전 존재가 드러났다. 동네 사람이 나무하러 산에 올라갔다가 묘비를 발견한 것이다. 이규보 문중에 알려 비석이 있던 자리를 중심으로 유물을 수습해 묘역을 꾸몄다. 지금의 모습은 1980년대 초반 다시 조성된 것이다. 이규보의 묘역이 우리나라 7대 명당에 속한다는 얘기는 몇 년 전 그 동네 아주머니한테서 들었다.

인천감리서 감옥을 탈출하다

김구 이야기 1

인천에는 중봉대로 이외에도 역사적으로 유명한 인물을 기리는 도로 명칭이 더 있다. 백범 김구(1876~1949)의 호를 딴 백범로도 그중 하나다. 인천 한복판을 동서로 가로지르는 주요 도로다. 인천은 백범 인생에서 대단히 중요한 공간이다. 그는 인천에서 옥살이를 두 차례 했는데, 첫 번째 옥살이 이후 전혀 다른 사람으로 변했다. 그래서일까. 김구는 《백범일지》에 "인천은 의미심장한 역사지대라 할 수 있다"고 스스로 의미를 부여했다.

백범은 1896년 3월 황해도 안악군 치하포에서 일제의 명성황후 시해 보복 차원으로 일본군 중위 스치다土田讓亮를 죽였다. 두 달 뒤 고향인 황해도 해주에서 체포되어 해주 감옥에 갇혔다가 외국인 사건을 다루는 인천감리서로 이송되었다. 법무부에 해당하는 법부는 백범을 교수형에 처해야 한다고 고종에게 건의했다. 고종이 판결을 보류했지만 사형수나 마찬가지 신세였다. 인천 사람들은 가만히 있지 않았다. 뜻을 모아 구명운동을 벌였다. 강화의 김주경이 앞장섰다. 김주경은 재산을 팔아가며 구명운동에 뛰어들었지만 실패하고 만다. 물상객주 박영문과 안호연도 나섰다. 이들은 옥바라지 하는 백범의 어머니를 돕기도 했다. 김주경은 구명운동이 먹혀들지 않자 탈옥을 권유하는 시를 지어 옥에 갇힌 백범에게 주었다.

백범의 탈옥 뒤에는 김주경을 비롯한 인천 사람들이 있었다. 백범은 말했다. "김경득(김주경)이 그같이 자기 전 재산을 탕진해 가며 내 한 목숨 살리려 했던 것도 그렇고, 인천항에 사는 사람들 중 한 사람도 내가 옥중에서 죽는 것을 원하는 사람이 없음은 삼척동자도 다 아는 사실이다."

2년여를 인천 감옥에 있으면서 백범은 자신을 위한 구명운동이 일어나는 것을 보고 사회적 책임감을 크게 느꼈다. 옥중에서《대학》등 전통 학문을 더 익히면서《세계역사 · 지지》《태서신사泰西新史》등 신서적도 읽었다. 그 과정에서 그동안 품어온 척양斥洋의 판단이 편협했음을 깨달았다. 감옥에 갇혀 있는 사람들에게 글을 가르치고, 글을 모르는 이들을 위해 소장을 대신 써주는 대서일도 했다. 인천에서의 첫 번째 감옥 생활은 백범이 하층민과 함께하는 교육가이자 독립운동가로 성장하는 데 전환점이 되었다.

김구는 극적으로 무기수로 감형받고 1898년 3월 인천감리서 감옥을 탈옥했다. 스물셋 김구는 탈옥을 결심하자마자 이를 성공시키기 위해 철저히 준비했다. 탈옥 과정을 되짚어 보면 몇 가지 흥미로운 대목이 눈에 띈다.

1단계로 삼릉창三稜槍을 준비했다. 김구는 탈옥을 앞둔 어느 날 면회 온 부친에게 "대장장이에게 한 자 길이 삼릉창 하나를 만들어 달라 해서 새 옷 속에 싸 들여 달라"고 부탁했다. 그 삼릉창은 김구가 감옥 바닥에 깔린 벽돌을 들추고 땅속을 파내는 도구가 되었다. 창끝의 모서리가 셋인 삼릉창은 조선 후기 국방 무기 중 하나로, 벽돌을 들출 때 날이 부러지는 사고를 막기에 제격이었다. 삼릉창 얘기는 120년이 넘도록 주목한 사람이 없었다. 삼릉창을 튼튼하게 만들어낸 인천의 대장장이는 의도하지는 않았겠지만 김구 탈옥의 결정적 조력자가 된 셈이다.

2단계로 같이 옥살이하던 사람 중 함께 탈옥할 이들을 골라 팀을 구성하고, 그중 재력이 있는 이에게 근대 화폐인 백동전 200냥을 가져오게 했다. 이 돈으로 탈옥 당일 저녁 80여 명의 죄수들에게 술판을 벌여 주었다. 당직 간수가 아편쟁이라는 사실을 알고 간수에게는 미리 아편을 먹였다. 간수는 아편에 정신줄을 놓고 죄수들은 술에 취해 노래하니, 감옥은 그야말로 난장판이 되었다.

3단계인 탈출 경로도 흥미롭다. 삼릉창으로 바닥을 뚫어 감옥 밖으로 나가 담을 넘기 위한 줄사다리를 매어 놓았다. 혼자서 먼저 밖에 나와 잠시 갈등했다. 위험을 줄이기 위해 혼자 갈 것인지 약속한 이들과 같이 갈 것인지. 결론은 죽을 때까지 부끄럽게 살지 말자는 것. 나온 구멍으로 다시 돌아가 네 사람을 내보낸 뒤 자신은 맨 나중에 나왔다. 담을 넘을 때도 맨 뒤에 섰다. 그런데 앞사람들이 요란한 소리를 내는 바람에 감리서 전체에 비상이 걸렸다. 감시병들이 옥문을 열고 들어오는 와중에 줄사다리를 오를 겨를도 없어 4미터가 넘는 담벼락을 한 길쯤 되는 몽둥이로 장대높이뛰기 하듯 넘었다. 다른 탈옥자들은 어디론가 사라져 혼자 남은 그는 삼릉창을 들고 정문인 삼문三門으로 갔다. 막아서는 자가 있다면 삼릉창으로 싸울 각오였으나 비상상황에 불려가느라 지키는 사람이 아무도 없었기에 걸어서 감리서를 나왔다.

《백범일지》에는 그의 동선을 추정할 수 있는 지명이 등장한다. 해변 모래밭(또는 북성고지 모래밭), 감리서 뒤쪽 용동 마루터기, 천주교당의 뾰죽집, 화개동 마루터기, 인천항 5리 밖, 인천서 시흥 가는 대로변(또는 시흥대로), 벼리고개, 부평, 양화진 등이다. 밤새도록 해변 모래밭을 헤맸다고 했으니 지금의 중구와 동구 쪽 바닷가를 왔다갔다 한 듯하다. 날이 샐 때가 되어서야 도심으로 길을 잡아 서울 쪽으로 향했다. 이미 순검(경찰)들이 쫙 깔렸다. 집 밖에 낸 아궁이에 숨기도 하고, 인천과 시흥 어름에서는 대로변에 심어진 어린 소나무의 솔포기 속으로 들어가 해가 질 때까지 물 한 모금 마시지 못한 채 꼼짝 않고 죽은 듯이 버티기도 했다. 시골 방앗간에서 짚을 깔고 또 하룻밤을 보낸 뒤 문전걸식하며 부평을 거쳐 서울 양화진에 당도했다.

그리고 이내 백범은 충청도, 전라도 등 삼남으로 길을 떠났다.

탈옥 뒤 백범은 김창수金昌洙라는 이름을 바꾸게 된다. 구명을 위해 애쓰던 강화에 사는 유완무가 새 이름을 지어주었다. 지금 우리가 부르는 그 김구다. 처음에는 김구金龜였는데 나중에 김구金九로 바꾸었다. 백범 김구金九의 탄생은 그 정신과 이름 모든 면에서 인천과 뗄 수가 없다. 그리하여, 인천의 백범로는 대한민국의 근현대 역사를 질주하는 도로이기도 하다.

인천대공원 백범광장의 동상

김구 이야기 2

인천에서 경기도 시흥, 부천으로 넘어가는 경계지점에 인천대공원이 널따랗게 펼쳐져 있다. 인천시민은 물론이고 부천과 시흥 주민들도 많이 이용한다. 야트막한 산 속에 시설물이 많지 않으면서 숲길이 좋다. 그 공원 한쪽 구석에 백범광장이 있다. 김구 선생과 그의 어머니 곽낙원(1859~1939) 여사의 동상을 세워 놓은 곳이다. 인천을 동서로 가로지르는 백범로의 동쪽 끝자락이기도 하다.

서울 남산 백범광장에 우뚝 선 백범 동상은 많이 알고 있지만 인천에도 백범 동상이, 그것도 어머니 동상과 함께 있다는 사실은 아는 이가 많지 않다. 이곳은 곽낙원 여사의 동상이 있다는 사실 하나만으로도 아주 특별한 공간이다. 백범이 인천에서 2년 가까이 1차 옥살이를 할 때 그의 부모는 백방으로 구명운동에 나서고 헌신적인 옥바라지를 했다. 여러 인천 사람들이 백범을 위해 나서준 것은 그 부모의 애틋한 자식사랑에 감명

받은 부분도 있다.

임시정부 수립 100주년을 맞이한 2019년의 4월, 인천대공원 백범광장을 찾았다. 벚꽃이 흩날리며 비처럼 내리는 산책로는 사람들로 붐볐지만 약간 외진 백범광장은 찾는 이가 거의 없었다. 백범의 동상은 멀리서도 한눈에 알아보게 되지만 그 옆에 초라하게 서 있는 어머니 동상은 설명을 읽기 전에는 누구를 기리기 위한 것인지 알아차리기가 어렵다.

곽낙원 여사의 모습은 초라하기 그지없다. 머리를 땋아 위로 묶은 것이며 허름한 치마저고리이며, 가녀린 얼굴 생김새와 작은 키, 왜소한 몸매까지, 옥바라지 할 때 그 모습 그대로 백

백범로의 동쪽 끝자락,
인천대공원 백범광장에
김구 선생 모자의 동상이 서 있다.

범의 눈으로 재현했다. 오른손에 든 바가지는 동냥을 다니면서까지 아들을 옥바라지한 어머니를 형상화했다. 발에는 짚신을 신고 있다. 그 짚신 바로 아래 1949년 8월에 동상을 완성했음을 알리는 숫자와 한자로 '朴'이라 쓴 작가의 서명이 보인다.

동상은 박승구(1919~1995)의 작품이다. 백범은 경기상업학교, 경기중학교 미술교사를 지낸 조각가 박승구에게 어머니 동상을 맡겼지만, 작품은 백범이 안두희의 흉탄에 스러진 2개월 뒤에 완성되어 정작 자신은 완성품을 보지 못했다. 작가는 백범의 장례를 치른 뒤 어머니 동상을 완성하기까지 2개월의 시간 동안 얼마나 많은 눈물을 흘렸을까. 박승구는 경기도 수원

곽낙원 여사의 모습은 옥바라지 할 때의 모습 그대로 초라하다.

출생이다. 1944년 일본 도쿄미술학교 조각과를 졸업한 뒤 서울에서 교사와 작품 활동을 병행했으며 1949년 가을에는 제1회 대한민국미술전람회(국전) 조각부에서 〈성 관음상〉으로 문교부장관상을 수상했다. 6·25전쟁 때 월북해 조선미술가동맹 조각분과 지도원과 공예분과 위원장을 역임한 것으로 전해진다.

두 동상은 '백범김구선생동상건립인천시민추진위원회' '인천광역시' '사단법인 백범김구선생기념사업협회' 등 3개 기관 단체의 이름으로 1997년 10월 15일 세워졌다. 시민추진위원회 위원장은 마지막 송상松商(개성상인)으로 불리던 이회림 동양제철화학 회장이 맡았고, 당시 시장은 YS계의 핵심 최기선이었다. 두 사람 모두 고인이 되었다. 동상 건립비용을 낸 개인은 이회림 회장을 포함해 33명이었고 여러 기업체와 기관에서 동참했다. 김우중 회장의 대우중공업과 인천 경기 지역의 향토은행 경기은행도 참여했다. 대우중공업은 두산인프라코어로 바뀌었으며 경기은행은 IMF 외환위기 당시 퇴출 대상에 올라 역사 속으로 사라졌다. 12곳이나 되는 인천지역 상호신용금고도 보탰는데 이들 역시 지금은 낯선 존재가 되었다. 동상은 장소와 시간을 연결해주는 매개체다. 신산했던 백범의 삶과 함께 우리 근현대사의 단면, 역사 속으로 스러진 인물들을 만나는 소중한 단서가 되어준다.

그렇다면 백범의 아버지는 어떤 인물일까. 아버지 김순영도 탈옥한 아들 대신 옥살이를 하는 등 모진 고초를 겪었다. 외

아들이 인천 감옥에 갇히자 부모는 해주의 집 문을 닫아걸고 인천으로 옮겨와 살았다. 모친은 날품을 팔아 옥바라지를 했고, 부친은 강화와 서울을 오가며 석방의 길을 찾았다. 서울에서 소송을 했지만 결과가 없자 소송 문건을 챙겨 강화의 문장가 이건창(1852~1898)을 찾아가 방책을 물었다. 탈옥 직전 '인천을 떠나 고향으로 돌아가시라'고 당부한 백범의 말을 따라 부모는 해주로 돌아갔지만 뒤따라 온 인천 순검에게 붙잡혀 인천 감옥에 갇혔다. 모친은 곧 석방되었지만 부친은 고문 속에 1년 정도 징역살이를 하고 1899년 3월 석방되었다. 백범은 뒤늦게야 이 사실을 알고 눈물을 흘렸다.

인생이 곧 현대사의 파노라마

죽산 조봉암

2020년 1월 7일, 서울 종로구의 한 식당에서는 아주 특별한 출판기념회가 열렸다. 죽산 조봉암(1899~1959) 선생의 어록을 모은 책, 《죽산 조봉암 어록 1948~1954》를 펴낸 것이다. 600쪽 분량의 두툼한 책은 인천광역시가 출판비용을 댄 비매품이었다. 시 예산으로 개인 어록을 출간할 만큼 죽산은 인천을 대표하는 인물이다.

죽산 조봉암은 일제강점기와 해방공간, 그리고 6 · 25전쟁과 전후 복구 과정이라는 우리 현대사의 격랑을 온몸으로 헤쳐나간 인물이자 공작정치의 희생양이었다.

경기도 강화군 선원면 금월리에서 빈농의 아들로 태어난 그는 4년제 강화공립보통학교와 2년제 농업보습학교를 다니고 강화군청 급사로 취직, 면서기와 대서 보조원 등으로 5년 정도 근무했다. 강화에 3 · 1운동이 들불처럼 번지던 시기에 독립선언서를 배포한 혐의로 서대문형무소에 수감되었다가 9월

30일 출소했다. 독립운동을 향한 열의와 공부 열정을 떨치지 못한 그는 스물두 살 되던 1920년 1월 경성 YMCA 중학부에 입학했다. 그해 5월에는 대동단사건으로 평양경찰서에 연행되어 2주간 조사를 받았다.

1921년 7월 일본으로 건너가 도쿄 세이소쿠 영어학교에 입학했다. 엿장수를 하며 유학비용을 마련했던 그는 11월 29일 박열, 김약수 등과 함께 재일 유학생 최초의 아나키스트 모임 '흑도회'를 조직했다. 볼셰비즘에 빠져들어 주오대학 전문부 정치경제과에 입학했다가 1922년에는 모스크바 동방노력자 공산대학에 들어갔다. 1923년 8월 폐결핵으로 학업을 중단했고, 1924년 9월 조선일보에 기자로 입사했다. 1925년 제1차 조선공산당을 결성해 모스크바로부터 승인을 받았고 1926년에는 상하이에 조선공산당 해외부를 설치했다.

6 · 10만세운동을 주도하고 상하이 한인청년동맹을 조직하는 등 중국에서 독립운동을 전개하다가 1932년 9월 상하이에서 프랑스 경찰에 체포되어 일본 경찰에 신병이 넘겨졌다. 1933년 신의주지방법원에서 징역 7년을 선고받고 수감되었다. 1939년 가석방으로 출옥, 인천에서 활동을 시작했다. 1945년 예비구금령으로 다시 구속되었다가 8 · 15해방으로 풀려났다. 사흘 뒤인 8월 18일 건국준비위원회 인천지부를 조직했다. 1946년 2월 인천 민주주의민족전선을 결성하고 회장이 되었으나 4개월여 뒤인 6월 23일 '비공산 정부를 세우자'는 성명을

발표하면서 전향했다. 《3천만 동포에게 고함》《공산주의 모순 발견》 등의 소책자를 저술하고 그해 8월 2일 기자회견을 갖고 반공노선을 천명했다.

1948년 인천을구에서 제헌의원으로 당선되었다. 헌법 및 정부조직법 기초의원으로 활동했고, 8월 2일 초대 농림부장관에 지명되어 농지개혁법을 입안했다. 그가 기초한 농지개혁법은 지금까지 '세계 최고의 토지균등성을 확보했다'는 평가를 받고 있다. 1949년 2월 농림부장관직을 사임하고, 1950년 5월 국회의원 선거에서 인천 병구에 무소속으로 출마해 재선의원으로 활약했다.

1952년과 1956년 대통령선거에 잇따라 출마해 차점자로 낙선했다. 1956년 11월 진보당 창당대회를 열고 당위원장이 되었다. 60세가 되던 1958년 1월 진보당사건으로 검거되었고, 7월 2일 1심에서 국가보안법 위반으로 징역 5년을 선고받았는데 그해 10월 2심에서 국가변란을 목적으로 진보당을 결성하고 간첩행위를 했다며 사형을 선고했다. 1959년 7월 31일 오전 11시 사형이 집행되었고, 이틀 뒤 망우리 묘지에 안장되었다.

죽산의 죽음은 대한민국 헌정사상 첫 번째 사법살인으로 꼽힌다. 2006년 딸 조호정 등 가족들이 진실화해를 위한 과거사정리위원회에 진실 규명을 요청했고, 2007년 9월 과거사위는 '국가가 피해자와 유족에게 총체적으로 사과하고 재심 등 상응한 조치를 취하며 독립유공자로 인정하라'고 권유했다.

2008년 8월 가족들이 대법원에 재심을 요청했고, 그해 광복절에 납북된 부인 김조이 여사에게 건국포장이 추서되었다. 2011년 1월 20일, 대법원 전원 합의부는 죽산 조봉암에게 사형을 선고했던 국가보안법과 간첩죄 등에 대해 무죄를 선고했다. 52년 만이었다.

어느 한 사람의 인생이 이처럼 빠르게 장면이 바뀔 수 있을까. 이보다 더 드라마틱한 인생을 그려낼 수가 있을까. 조봉암의 인생은 그 자체로 파노라마 같은 우리 현대사를 보여준다. 그를 큰 인물로 만든 것은 아마도 서대문형무소였을 것이다. 고문에 꺾이지 않고 잡초처럼 일어서 일생을 치열하게 살았다. 6·25전쟁에서 남한의 농민들이 북한군에게 동조하지 않았던 것은 조봉암의 농지개혁 덕분이라는 점은 이미 정평이 나 있다. 그런데 이승만 정권은 그를 간첩으로 몰아 사형을 강제했다. 죽산에게 죄가 있었다면 이승만과 대결한 것뿐이었다.

조봉암이 대단히 진보적이면서 공부를 많이 했다는 사실은 그의 제헌의원 시절 발언에서 확인할 수 있다. '대한민국'이란 국호를 비판하는 대목을 보자. 1948년 6월 30일 제1회 본회의 제21차 회의에서 조봉암이 '민주주의가 정말 방성대곡할 일'이라면서 발언한 내용의 일부이다.

> 총강에 특징적으로 주목을 끄는 것은 '대한민국'이라는 국호 표시와 인민을 일률적으로 '국민'이라는 어구로 표시한 점입니다. '대한

민국은 민주공화국이다' 했는데 소위 민주공화국에 대한이란 대는 아랑곳이 없는 것입니다. 한이란 말이 꼭 필요하다면 '한국'도 좋고 우리말로 '한나라'라고 해도 좋을 것을 큰 대 자를 넣은 것은 봉건적 자존비타심의 발성이요, 본질적으로는 사대주의 사상의 표현인 것뿐입니다.

'대한민국'이란 말이 '대일본제국'과 무엇이 다르냐는 지적이다. 또 전 세계가 쓰는 '인민'이란 말을 버리고 '국민'이라는 엉뚱한 말을 차용해서는 안 된다고 질타했다. '인민'을 공산당 측에서 쓴다는 이유로 기피해 미국이나 프랑스 등지에서도 쓰는 말을 억지로 '국민'이라 바꾸는 것은 완고하고 고루한 생각에서 비롯된 것이라고 했다.

인천을 여행하면서 조봉암이란 인물을 떠올린다면, 대한민국의 '대' 자가 의미하는 바는 무엇이고 '인민'과 '국민' 사이에는 어떤 차이가 있는지 한 번쯤 고민해 보았으면 싶다. 조봉암은 1942년 인천시 중구 도원동 12번지 부영주택으로 이사해 생활한 적이 있다. 지금으로 치면 인천시에서 지은 시영주택이다. 경인전철 도원역 부근, 광성중고등학교로 오르는 언덕 오른편에 조봉암 가족이 살던 그 부영주택이 헐어질 듯 위태롭게 아직 남아 있다.

남북으로 갈라진 미술계의 최고봉

김은호와 황영준

중국 베이징에는 '만수대 미술관'이라는 이름의 북한미술 전문 전시공간이 있다. 50대 초반의 중국인 미술관 대표는 오랫동안 북한의 미술계 인사들과 친분을 쌓았다고 한다. 조선족이면서 북한에 경제적 영향력이 큰 부모를 배경 삼아 스무 살이던 1988년부터 북한 사업에 뛰어든 그는 경제 관련 사업으로 시작해 점차 문화예술 분야로 외연을 넓혔다. 그의 미술관에는 북한 유명 작가의 작품이 수천 점 소장되어 있다. 몇몇 화가에 대해서는 그림 인생 전반을 살필 수 있을 만큼 많은 작품을 보유하고 있다.

만수대 미술관의 대표작가 중 화봉華峰 황영준黃榮俊(1919~2002)이 있다. 충남 논산 태생인 황영준은 조선의 마지막 어진 화가로 불리는 이당 김은호(1892~1979)의 제자다. 운보 김기창, 월전 장우성 등과 함께 이당을 사사했다.

황영준과 김은호를 이어주는 것이 인천이다. 인물화의 최고봉 이당은 인천 관교동에서 태어났다. 인천관립일어학교에서 수학한 이당은 측량기사로 사회생활을 시작했는데 고서 베끼는 일을 하면서 빼어난 그림 실력을 인정받게 되었다. 묘사력이 뛰어난 그에게 대표적 친일 세도가 송병준이 초상화를 맡겼다. 이후 고종과 순종의 초상을 제작하는 등 당대 인물화의 대표작가로 부상했다. 세상을 뜨기 직전까지도 붓을 놓지 않았다는 이당은 후진 양성에서 개인의 품성을 최우선 가치로 삼았다고 한다. 준엄한 이당의 예술관이 황영준의 그림 세계를 열어젖혀준 것이다.

황영준은 1950년 6 · 25전쟁이 나자 북으로 건너간 월북작가다. 북에서 공훈예술가 칭호를 받을 정도로 작품 세계가 우뚝한 그의 활약상은 만수대 미술관에 소장된 작품을 통해 살펴볼 수 있다. 월북하자마자 종군화가로 참여했고, 전쟁이 끝난 뒤에는 평양미술대학 교수로 활동했다. 금강산 그림도 많이 그렸는데 세상을 뜨기 1년 전인 2001년에는《금강산 화책金剛山 畵冊》이라는 화보집을 냈다. 화책 첫 장에는 이렇게 썼다. '자연과 생활에 대한 고상한 미는 용암처럼 솟구치는 열정과 지향이 없이는 창조되지 않는다.'

황영준은 2002년 남쪽에 두고 온 가족들과 상봉하기로 예정되어 있었는데 꿈을 이루지 못한 채 눈을 감고 말았다. 황영준과 이당이 인천을 매개로 연결된다고는 하지만 이당은 친일, 황영준은 월북이라는 꼬리표가 있어 가깝고도 먼 관계로 머물

수밖에 없었다. 그러다가 2020년 1월 마침내 인천에서 대규모 황영준 전시회가 열렸다. '봄은 온다'라는 타이틀을 달고 한 달 넘게 열린 전시회에는 화봉의 작품 200여 점이 선보였다. 남한의 막냇동생과 막내딸을 비롯한 가족들이 인천으로 달려와 작품 앞에서 눈물을 흘렸다. 인천은 유작으로 돌아온 황영준과 그의 가족을 연결시켜 준 상봉의 공간이 되었다. 남과 북의 두 거장 이당 김은호와 화봉 황영준이 작품으로 인천에서 다시 만날 날이 왔으면 좋겠다.

해방 후 한국에서
흑인들의 애환을 노래한 시인

배인철

해방공간과 6 · 25전쟁을 거치는 격동의 시기, 우리 문단 이야기를 다룬 장편소설 중 《명동시대》가 있다. 안도섭의 작품인데 모두 12개의 장으로 나뉘어 있다. 그 중 〈마리서사〉 〈흑인영가〉 〈검은 비애〉가 앞부분을 차지한다. 이들 3개 장을 관통하는 인물이 바로 배인철이다. 그는 1920년에 나서 1947년 스물일곱의 젊디젊은 나이에 세상을 떠났다. 남산에서 애인과 데이트하던 중 누군가의 총격을 받고 그 자리에서 숨졌다. 《명동시대》에서는 다치지 않은 것으로 묘사했지만, 실제로는 함께 있던 여인도 옆구리에 관통상을 입었다. 그녀는 다행히도 목숨을 건졌다. 치정에 얽힌 사건이니, 우익테러니 말이 많았지만 이 사건은 아직도 미스터리로 남아 있다.

안도섭이 해방 직후 우리 문단의 핵심 인물로 그려낸 배인철은 인천 태생이다. 〈흑인영가〉와 〈검은 비애〉는 배인철을 상징한다. 1945년 9월 상륙한 흑인 병사들이 처음으로 터를 잡은 인천에서 배인철은 흑인시의 싹을 틔웠다. 백인 병사들로부터 차별을 받는 흑인 병사들에게서 약소민족의 설움을 떠올렸다. 우리 민족의 그것과 별반 다르지 않다고 보았다. 배인철은 금세 흑인 병사들의 친구가 되었다. 〈노예해안〉 〈쪼 루이스에게〉 〈흑인녀〉 〈人種線-흑인 쫀슨에게〉 〈흑인부대〉 등 5편이 지금까지 확인된 배인철의 흑인시다.

배인철은 1940년부터 1942년까지 일본 니혼대학에서 영문학을 공부했다. 당시 일본의 집에서 공동생활을 했던 친구인 인천시립박물관 이경성 관장은 배인철이 당시에는 블레이크William Blake와 워즈워드William Wordsworth 등 신비주의나 낭만주의 쪽에 심취했다고 회고록에서 말한 바 있다. 까만 양복에 빨간 장미를 꽂고 다녔고, 고베 출신 여성과 열렬한 사랑에 빠지기도 했다고 이경성 관장은 소개했다.

배인철은 인천에서 알아주는 부잣집 아들이었다. 곡물중개조합 근업소勤業所에서 일하며 부를 일군 배명선의 4남 5녀 중 3남으로 태어났다. 인천공립보통학교(현 창영초교)를 졸업하고 중앙고보를 나왔다. 형 배인복(사학과)과 함께 니혼대학에 다니며 영문학을 전공하다가 학병을 피해 형제가 상하이로 넘어갔다.

배인철은 해방 직후인 1945년 10월 '신예술가협회'의 결성을 주도하면서 문단에 혜성처럼 등장했다. 당시에는 인천중학교(현 제물포고등학교) 영어 교사를 맡았으며, 1947년 2월 인천에 개교한 해양대학교의 영어 교수를 지내기도 했다. 이때 어울린 문화예술인들은 대단히 진보적이었으며 많은 수가 6 · 25를 전후해 월북했다.

그는 블레이크나 워즈워드에만 심취했던 게 아니라 니혼대학 유학 후반기쯤 진보적인 사상에 눈을 떴을 개연성이 크다. 니혼대학의 조선인 선배들 중에는 대단히 진보적인 인사들이 많았다. 3 · 1운동에 참가하고 일본으로 건너가 고학을 한 뒤로 무산자동맹을 대표하던 정재달(1895~?)이나 '조선공산당 경성준비그룹'을 이끌던 이재유(1905~1944) 등이 니혼대학 출신이다. 해방 이후 배인철이 진보그룹과 특별하면서도 두터운 인맥을 유지하고 있던 것을 보면 니혼대학 유학생 사이에서 이어져 오던 공산주의 계열 공부모임과 어느 정도는 관계가 있지 않을까 추측해 본다.

배인철에 대한 기록은 찾기가 쉽지 않다. 안도섭의 소설 말고는 조병화, 이봉구, 김차영, 이경성 등의 단편적인 회고가 몇 편 있을 뿐이다. 김광균, 임호권, 오장환 등의 조시弔詩와 최원식 인하대 명예교수가 2000년에 지은 〈시인 배인철 묘비명〉 정도가 전부다.

피격 당사자이면서 유일한 목격자인 김현경 여사를 만나지 않을 수가 없었다. 당시 스무 살, 이화여대 영문과 2학년생이던 그는 나중에 김수영 시인과 결혼했다. 2017년 여름쯤 김현경 여사를 정말로 어렵게 댁으로 찾아가 만났다. 연세가 아흔이었지만 정정했고 대단히 뛰어난 기억력을 갖고 있었다. 누구에게도 털어놓지 않았던 피격 당시 상황을 자세히 들을 수 있었다.

1947년 5월 10일 오후였다. 배인철과 김현경, 둘이서 남산을 올랐다. 빨래터 근처 숲에 바위가 병풍처럼 둘러서고 소나무 한 그루가 떡하고 버티고 선 곳에서 어깨를 맞대고 앉아 이야기를 하는데, 탕! 탕! 갑자가 두 발의 총성이 울렸다. 누군가 높이 3미터쯤 되는 바위 위에서, 둘의 머리를 향해 아래로 겨누어 총을 쏘았다. 배인철은 정수리에서 왼턱 쪽으로 관통하는 바람에 어쩔 겨를도 없이 그 자리에서 절명했다. 김현경은 총소리와 동시에 배인철의 얼굴 쪽으로 몸을 틀어 정수리에 맞지 않고 등에서 왼쪽 옆구리로 관통했다. 아픔도 느끼지 못한 채 빨래터로 달려가 사람 살리라고 소리치며 보니 몸에 선혈이 낭자했다.

곧바로 앰뷸런스에 실려 근처 병원에서 봉합수술을 받았다. 총에 맞은 김현경은 입원한 상태에서 조사를 받았고, 경찰은 그를 풍기문란죄로 입건했다. 나중에는 총을 쏜 사람이 누구인지 대라는 고문까지 받았다. 김수영 시인을 비롯해 그를 아는 남자들은 죄다 불려와 조사를 받았다. 사건은 치정으로 몰려졌고, 경찰은 '배인철이 남로당 중책을 맡고 있었다'고 말했다. 진실은 알 길이 없었다. 누가 남산에서 데이트하던 젊은 남녀를 향해 권총을 쏘았을까?

가장 뛰어난 의사는 나라를 고친다

이민창

2019년은 3 · 1운동과 임시정부 수립 100주년이었다. 온 나라가 독립운동을 이야기했다. 우리는 수많은 독립운동가를 호출했고, 그들은 역사 속에서 걸어 나와 우리에게 말을 걸었다. 인천에는 우리가 잊고 있는 아주 특별한 독립운동가가 있다. 이민창李敏昌. 1955년 발간된 고일 선생의 《인천석금》은 그를 영웅으로 묘사한다. 〈인술仁術에 여생 바치는 노투사 '이민창' 씨〉라는 글을 토대로 이민창의 독립운동과 수감 생활, 해방 후 활동 등을 간략하게 정리해 본다.

1941년이었다. '너희들이 합병 후 30년이 지나면 독립을 준다고 했으니 이제는 우리나라를 돌려보내라'는 내용의 벽보와 전단이 인천시내 곳곳에 나붙었다. 조선총독과 일본 내각 대신들에게도 서한이 발송됐다. 병원을 운영하던 이민창이 혼자서 한 일이었다. 그는 거리로 나가 '대한독립만세'를 부르짖으며 자주독립의 필연성을 국제정세에 맞추어 연설했다. 청중들은

"미쳤다" "큰일 나겠다"고 말하며 슬그머니 꽁무니를 뺐다.

이민창은 곧바로 체포되었다. 인천경찰서 고등계 형사 권오연이 담당했다. 그는 이민창을 고문했지만 이민창은 굽히지 않고 목청을 돋워 취조하는 형사를 나무랐다. "아무리 일제의 주구 노릇을 하는 네놈이지만 한국인의 피를 받았다면 내 주장이 그래 그르냐? 옳으냐?" 권오연은 해방 후 '노괴수의 굳고 곧고 깨끗하고 거룩했던 그 기개 용기 명석 준엄에는 고개가 수그러졌다'고 고백했다. 서울 서대문형무소로 이송되어 갈 때 독립문에 이르자 대한독립만세를 외치고 독립문의 유래를 연설했다. 지나던 행인들이 목례로 답했다.

이민창은 '가장 뛰어난 의사는 나라를 고치고 그 다음이 사람을 구한다'는 말을 실천하기 위해 약관의 나이에 한성병원 부속학교에 입학해 강제병합 이전에 졸업, 서울에서 개업했다. 이화학당 출신을 부인으로 맞아 잘 살았으나 1916년쯤 일제의 학정에 분개한 나머지 블라디보스토크로 망명했다. 고국을 잊지 못해 몇 년 뒤 양강도 경흥과 황해도 재령에서 공의公醫 생활을 했다. 인천에는 1929년쯤 정착했다. 이중설병원 자리에서 시작한 병원은 10년 정도 운영했다.

1년 6개월 형을 선고받은 그는 서대문형무소에서도 가만히 있지 않았다. 옥중에서 조회 때마다 불러야 했던 기미가요를 거부하고 황국신민선서도 일축했다. 형기가 더 늘어 청주형무소로 이감되었다. 4년여가 지나 1945년 새해에 만기 출소일이 찾아왔다. 부인과 아들 딸, 가족들이 청주로 갔다. 이민창은 부인에게 말했다. “나는 독립이 되기 전에는 나가지 않고 감옥에서 죽을 테니, 어서 돌아가오. 집에 돌아간다고 해도 일경들이 가족들을 못살게 굴 게 분명하니 오히려 감옥에 있는 것이 가족들에게도 좋을 것이오.”

昭和 16年 7月 14日 西大門刑務所 撮影 保存原板 (11) 第 50100 號

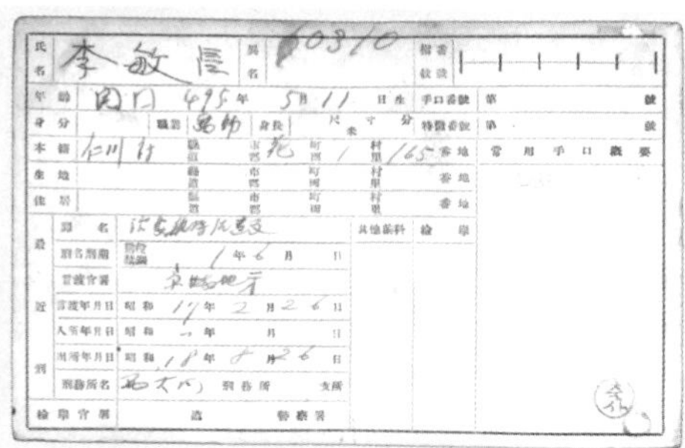
氏名 李敏昌 / 異名 / 指紋番號
年齡 開國 495年 5月 11日生 / 手口番號 第 號
身分 / 職業 / 身長 尺 寸 分 / 特徵番號 第 號
本籍 / 番地 / 常用手口概要
生地 / 番地
住居 / 番地
罪名 / 其他資料 / 檢印
刑名刑期 1年 6月 日
言渡官署
言渡年月日 昭和 17年 2月 26日
入所年月日 昭和 年 月 日
出所年月日 昭和 18年 8月 26日
刑務所名 西大門 刑務所 支所
檢印官署 道 警察署

서대문형무소에 수감된 이민창의 인물카드. 생년월일을 ‘개국(開國) 495년 5월 11일’로 써 놓았다.

만기를 넘기고 7~8개월 뒤인 해방이 되어서야 세상에 다시 나온 이민창은 어인 일인지 집에 틀어박혀 두문불출했다. 웬 혁명가가 그리 많고, 애국자가 쏟아지고, 정치인이 범람하는 거냐는 이유였다. 정당인도, 지도자의 타이틀도 싫었던 그는 그저 집 안에서 가난한 사람들을 위한 인술을 펼치고 과학을 공부하는 데 시간을 쏟았다. 인천시내의 어떤 의사가 피란민 환자가 숨을 거두었는데 약값을 내지 않았다면서 사망진단서를 발급하지 않자 격분한 이민창이 앞장서서 사망진단서를 끊어 주었다. 환자들에게는 형편에 맞게 치료비와 약값을 받았다. 여유가 되면 받고 그렇지 못하면 안 받고 치료해 주었다.

노투사 이민창에 대한 자료는 아직까지 《인천석금》을 넘어서는 것이 없다. 확인해 보니 고일 선생의 기록은 대단히 정확했다. 국사편찬위원회 한국사데이터베이스 일제감시대상 인물카드 중 이민창의 것에는 아주 특별한 대목이 있다. 연령, 즉 생년월일을 적는 곳에 '개국開國 495년 5월 11일'로 써 놓았다. 일본 연호를 거부하고 조선이 나라를 연 1392년을 기준 삼아 일본에 나라를 빼앗긴 것을 인정하지 않았다. 그는 1886년생이다.

인물카드의 본적지는 '경기도 인천부仁川府 화정花町 165'로 되어 있다. 당시 화정은 지금의 중구 신흥동 지역이다. 하지만 이민창과 대단히 가깝게 지냈던 것으로 보이는 고일 선생은 이민창이 서울 태생이라고 했다. 인천으로 이주한 뒤 본적지를 바꾼 것인지도 확인해 볼 일이다.

송도국제도시의 랜드마크 역할을 하는 트라이볼.
'송도(松島)'라는 이름에는 일본의 그늘을
벗어나지 못했다는 아픈 현실이 담겨 있다.

인천은 소금의 본고장이다. 고려시대 문인 이곡의 시는 '갯벌은 구불구불 전자(篆字) 같고 돛대는 종종 꽂아 비녀와 같도다'며 영종도의 소금 굽는 모습을 묘사한다.

숲길이 좋은 인천대공원은 인천시민은 물론이고 부천과 시흥 주민들도 많이 이용하는 휴식공간이다.

영종, 용유, 삼목, 신불 4개의 섬을 매립해 건설한 인천국제공항은
일제강점기 독립운동가들의 유배지였다.

일본 제1은행 인천지점 건물이던 개항박물관은 1890년대 후반 국내 최대 규모 건축물이었다.

차이나타운의 공자상.
그 아래로 중국 조계지(차이나타운)와 일본 조계지(개항장 거리)가 나뉜다.

자유공원의 상징물과 같은, 사방에서 뾰족한 꼭짓점들이 한데 모인 형상의 한미수교100주년기념탑.

월미도 문화의 거리는 바다와 꽃과 놀이시설이 어우러져 누구라도 즐거운 시간을 보낼 수 있다.

바다였던 곳을 매립해 도시를 만들고, 다시 바닷물을 채워 색다른 볼거리를 만들어낸 송도국제도시.

대한성공회 강화성당은 기와지붕을 얹은 외양에 실내는 서양식으로 만든 동서양 융합 건물이다.

1897년 지어진 답동성당은
우리나라의 서양식 건물로 된
가장 오래된 성당 중 하나로,
사적 제287호다.

이민창은 1946년 병원을 내과의 이중설 씨에게 넘겨주고 동구 화평동 오두막 초가에서 은거했다. 그 뒤의 행적은 아직까지 찾아내지 못했다. 지사志士라는 말이 딱 어울리는 이민창, 이제는 그만 은거를 접고 이 땅의 후배들에게 예전에 행했던 큰 뜻을 베풀어주도록 전문가들의 탐구가 뒤따랐으면 하는 바람이다.

영종도에 유배된 독립운동가

이동휘와 계봉우

우리나라에서 사람이 가장 많이 모이는 장소 중 하나가 인천국제공항이다. 국내외 여행객들로 붐비는 대한민국의 관문. 뭍에 있는 사람들이 이곳에 가려면 인천대교나 영종대교를 건너야 한다. 지금은 영종도라는 거대한 섬이 되었지만 공항이 들어서기 전에는 영종, 용유, 삼목, 신불 4개의 섬으로 나뉘어 있었다. 이들 4개 섬을 하나로 묶어 매립해 공항을 건설한 것이다.

사시사철 사람으로 혼잡한 영종도가 일제강점기 독립운동가들의 유배지였다는 점에 주목하는 이는 많지 않다. 알려진 바로는 영종도 예단포에서 독립운동가 계봉우(1880~1959)가 1년여 유배생활을 했고, 그보다 먼저 영종도 건너 무의도에서 이동휘(1873~1935)가 유배를 살았다. 이동휘는 1911년 105인 사건에 연루되어 무의도 유배형을 받았고, 계봉우는 1916년을 영종도에 갇혀 지냈다.

이동휘 선생의 무의도 유배 이야기는 김구 선생의《백범일지》에도 나온다. 백범은 안악사건(105인 사건)을 설명하면서 '이동휘 · 이승훈 · 박도병 · 최종호 · 정문원 · 김병옥 등 19인은 무의도 · 제주도 · 고금도 · 울릉도 등으로 1년 유배가 결정되었다'고 사건 결과를 썼다. 누가 무의도에 유배되었는지는 아직도 정확히 드러나지 않았다. 요즘 무의도 주민들은 독립운동가가 무의도에서 유배생활을 했다는 사실도 잘 알지 못한다. 용유도와 무의도 얘기를 다룬 어떤 향토지에서는 이동휘가 무의도에서 '은거'했다고 기술하고 있다. 유배와 은거는 전혀 다른 말이다.

이동휘는 무의도 유배가 그렇게 낯설지 않았을 듯하다. 무의도에서 가까운 강화도에서 오랫동안 생활했기에 강화도의 지인들이 일제의 눈을 피해 무의도로 찾아왔을 가능성이 높다. 함경남도 단천에서 가난한 농부의 아들로 태어난 이동휘는 1895년 한성무관학교에 입학했다. 졸업 후 강화도 진위대장이 되었으나 1905년 을사늑약 체결과 함께 사임했다. 곧바로 강화도에서 육영사업을 벌이면서 독립운동에 뛰어들었다. 강화도 의병활동에도 깊숙이 개입했는데, 이때 유배처분을 받은 듯하다.

1913년에는 러시아 연해주로 옮겨 만주와 러시아의 민족운동 세력을 규합, '대한광복군정부'를 조직했다. 이상설에 이어 제2대 정도령을 맡기도 했다. 공산당 계열 독립운동 조직을 이끌던 이동휘는 1935년 1월 러시아 블라디보스토크에서 병사했다. 당시 〈동아일보〉는 보름이 지난 1935년 2월 15일 자에 '이동휘 씨 장서李東輝氏長逝'란 제목으로 63세를 일기로 별세한 사실을 전하면서 애도했다. 이동휘의 애국혼은 강화에서 응축되었으며, 무의도 유배 기간에 더욱 농익은 것으로 보인다. 이동휘를 말하면서 인천을 절대 빼놓을 수 없는 이유다.

인천 독립운동사에 빠져 있는 인물, 계봉우. 그에 대하여도 우리는 좀 더 진지하게 알아봐야 한다. 계봉우라는 인물이 그저 러시아 방면에서 국사학자, 국어학자, 민속학자, 교육자, 언론인 등으로 활동한 애국지사 정도로만 평가되어서는 안 된다. 함경남도 영흥 출신인 계봉우는 1911년 1월 이동휘와 함께 간도로 이주해 교편을 잡았다. 그 뒤 연해주로 옮겨 '권업신문' 기자와 대한광복군정부의 비서로 활동했다. 1916년 11월 일본 경찰에 체포되어 국내로 구인됐고, 영종도에서 유배생활을 했다. 1917년 12월 석방된 뒤 고향인 함경도 영흥에서 거주 제한 조치를 당했다. 1919년 초에는 3 · 1운동을 준비하던 인물들과 긴밀히 접촉하면서 도움을 주었다고 한다.

계봉우의 유배생활은 제대로 드러난 자료가 없다. 그의 자서전《꿈 속의 꿈》에 일단이 보일 뿐이다. 계봉우는 유배지 예단포에서 아이들을 가르치려고 했지만 일제가 이를 허락하지 않아 뱃일 막노동으로 밥벌이를 할 수밖에 없었다. 노동을 잘 해내지 못하는 그를 예단포 사람들이 도왔고, 계봉우는 그 내용을 자서전에 기록해 두었다.

부록

걸어서 인천 인문여행 추천 코스

인천 인문여행 #1

개항장으로의 시간 여행 1

● 중구청 → ● 개항장 근대건축전시관 → ● 한국근대문학관 → ● 아트플랫폼 → ● 병참사령부 → ● 대불호텔 · 중구생활사전시관 → ● 개항박물관 → ● 차이나타운

인천 개항장은 조선 후기부터 현재까지 150년의 시간이 겹겹이 포개진 곳이다. 넓지 않은 공간에 여러 이야깃거리가 집약되어 있으니, 걸어가면서 그것들을 하나씩 들추어 보자.

중구청에서 일제 때부터 현재까지 그 부지를 거쳐 간 여러 행정기관 이야기를 확인한 뒤 개항장 근대건축전시관으로 간다. 일본 나가사키 제18은행 최초의 지점인 인천지점이 들어섰던 건물이다. 본토에도 두지 않던 지점을 인천에 개설한 이유는 돈이 되는 땅이었기 때문이다. 당시 인천에 많이 살던 나가사키인들은 선박운송업, 고리대금업, 무역상, 미곡상, 정미업, 여관업 등 금융과 밀접한 업종에 종사하는 이들이 많았다. 그래서 이 일대에 은행과 보험회사 20여 곳이 성업했다고 한다. 1883년 개항 시기부터 지금까지 중구청 일대에 있던 여러 역

사문화적 건축물을 모형으로 만날 수 있다.

한국근대문학관은 일제강점기에 지어진 물류창고를 현대식으로 리모델링해 외양부터 남다르다. 인천 인문여행의 감초 같은 공간으로, 1890년대 근대계몽기부터 1948년에 이르기까지 우리 근대문학의 정수를 집약해 놓았다.

인천아트플랫폼이 그 가까이 있다. 개항 당시 배에서 내리거나 배로 실어 나를 화물을 보관하기 위해 지어졌던 창고들을 새롭게 고쳐 전시장과 공연장, 레지던시 공간으로 꾸몄다. 칠통마당으로 불리는 이곳에서는 다양한 전시회와 문화행사가 쉼 없이 열리고, 인천 관련 서적을 판매하는 인천서점도 색다른 볼거리다.

아트플랫폼 전시장을 따라 차이나타운 쪽으로 걷다보면 그 끝 지점 오른쪽 모서리에 오래된 건물 한 채가 서 있다. 일제가 1894년 청일전쟁을 벌일 때 병참사령부로 쓰던 곳이다. 이 건물은 청일전쟁 이전, 인천항(제물포항) 개항 5년 뒤인 1888년에 지어진 일본우선주식회사 인천지점이었다. '우선郵船', 우편물을 나르던 선박회사 소유였음을 알 수 있다. 일제는 이 건물을 징발해 청일전쟁과 10년 뒤의 러일전쟁 때 병참사령부로 썼다. 가장 오래된 국내 근대건축물 중 하나라니, 작고 초라한 외양과 달리 내공이 만만치 않다.

병참사령부 자리에서 위로 올라가면 한반도 최초의 호텔, 대불호텔을 복원해 놓은 건물이 눈에 띈다. 제대로 복원된 것으로 보이지는 않지만 옛 서양식 호텔의 모양을 가늠하게는 한다. 옆으로는 1960~70년대 중구 일대의 생활상을 소개하는 중구생활사전시관이 이어져 있다. 전시관을 나오면 오른쪽으로 개항박물관이다. 일본 제1은행 인천지점이던 건물이다. 1890년대 후반 지어진, 당시로는 국내 최대급 건축물이었다고 한다. 제1은행이나 제18은행 같은 일본 은행들의 인천 진출은 한반도 금융을 손에 쥐고 흔들기 위함이었다. 당시 대한제국 황실의 지원을 받아 세워진 대한천일은행도 첫 지점을 인천에 세웠다. 인천이 한일 금융전쟁의 최전선이 된 것이다. 하지만 우리는 모든 국권을 빼앗기고 말았다. 개항장은 나라 잃은 수치를 뒤돌아보는 다크투어 코스이기도 하다.

이 동네에는 옛 건물을 새롭게 단장해 카페로 운영하는 곳이 여럿 있다. 그중 1880년대 말~1890년대 초에 지어진 일본식 건물을 리모델링한 팟알에 들러볼 만하다. 원래 선박업을 하던 대화조大和組라는 회사의 사무실 겸 주거공간이었는데, 건물이 지어진 초기 모습을 잘 간직해 문화재청이 대한민국 근대문화유산으로 지정했다.

지금까지 걸으면서 살핀 곳이 일본인들이 살았던 일본 조계지였다. 이제는 차이나타운을 볼 차례. 인천 차이나타운에 왔다면 중국음식 먼저 맛보고 여행을 시작하자. 어느 집으로 들어가도 다른 지역보다 맛있다. 화교역사관, 화교 학교, 짜장면 박물관 등 볼거리도 많다.

인천 인문여행 #2

개항장으로의 시간 여행 2

● 청일조계지 경계 계단 → ● 제물포구락부 → ● 자유공원 → ● 인천기상대 → ● 홍예문 → ● 인천 감리서 터 → ● 답동성당

개항 당시, 차이나타운과 일본인 거리를 구분하기 위해 세운 상징물이 청일조계지 경계 계단이다. 자유공원 남쪽 자락 급경사를 이루는 곳에 있고, 요즘은 청일조계지 쉼터라고도 부른다. 계단 양편에 늘어선 석등을 일본 쪽은 일본식, 차이나타운(청관거리) 쪽은 중국식으로 깎았다.

제물포구락부에 들러 자유공원으로 올라가 본다. 제물포구락부는 미국, 영국, 프랑스, 독일, 러시아, 중국, 일본 등 개항 당시 인천에 진출해 있던 해외 각국의 인사들이 사교 모임을 갖던 개항장의 외교클럽이었다. 각국 스파이들이 펼치는 정보전쟁의 핵심 공간이었을 게 분명하다. 6 · 25전쟁 이후에는 인천시립박물관, 인천문화원 등으로 사용되기도 했다.

우리나라 최초의 서구식 공원인 자유공원에서는 인천항과

월미도를 내려다볼 수 있다. 이곳의 상징물과 같은, 사방에서 뾰족한 꼭짓점들이 한데 모인 형상의 한미수교100주년기념탑과 맥아더 장군 동상도 만날 수 있다.

자유공원에서 5분도 안 되는 거리인 제물포고등학교 후문 쪽에는 인천기상대가 자리하고 있다. 1904년 우리나라 최초의 근대기상관측을 시작한 인천관측소는 1905년 현 위치로 이전했고, 국내 13개 지역의 지방 관측소와 만주 지역의 여러 관측소를 통괄했다. 해방 이후 중앙기상대 역할을 수행하다가 1953년 중앙기상대가 서울로 옮겨가면서 다시 인천관측소로 기능이 축소되었다. 1992년에는 인천기상대로 이름을 고쳤고, 2013년 건물을 신축했다.

인천기상대에는 1923년 지어 창고로 사용하던 건물이 지금도 원형을 거의 그대로 유지하고 있다. 외벽에는 6 · 25전쟁 중 교전 흔적인 총탄 자국이 선명하다. 창고건물 옆에는 우리가 어릴 적 학교에서 신기하게 보았던 새하얀 상자, 백엽상이 있다. 지진, 지면온도, 습도, 강우량, 기온, 일조량, 자외선, 낙뢰 등을 측정하는 곳으로, 함부로 들어갈 수 없다. 기온이 떨어졌을 때 얼음 어는 것을 눈으로 확인할 수 있는 물통도 놓여 있다.

동인천역 쪽으로 내려가면 금방 홍예문에 다다른다. 홍예문虹霓門은 이름 그대로 위쪽이 무지개처럼 둥그렇게 굽어 있는 모습이다. 사람과 차량의 왕래를 위해 1905년 착공해 1908년 완공했다. 인천에 살던 일본인들은 이 홍예문을 건설하기 위해

'고갯길 뚫기 위원회'까지 꾸려 공사 대금을 마련할 정도로 공을 들였다.

홍예문에서 10분 거리에 김구 선생이 옥살이를 했던 인천감리서 터가 있다. 작은 아파트와 단독주택, 상가들이 뒤섞인 지역에 표지석만 세워져 있다. 인천 중구청은 이곳을 포함한 '역사순례길'을 만드는 작업을 진행하고 있다. 다시 10분 거리에는 답동성당이 있다. 백범이 탈옥한 뒤 밤을 새워 길을 헤맨 끝에 새벽이 지나서야 보았다던 '천주교당의 뾰죽집', 바로 그 성당이다. 1897년 지어진 답동성당은 우리나라의 서양식 건물로 된 가장 오래된 성당 중 하나다. 1981년 사적 제287호로 지정되었다.

인천 인문여행 #3

인천의 친수공간, 월미도

● 인천역 → ● 상륙작전기념비 → ● 한국이민사박물관 → ● 월미도 문화의 거리 → ● 월미산 전망대

인천역에서 걸어 20~30분이면 월미도 선착장에 닿는다. 인천역과 월미도를 왕복하는 작은 모노레일 열차(월미바다열차)도 다닌다. 오가는 길 한 번은 열차를 타고 다녀와도 재미있다.

인천역에서 월미도 가는 길로 10분을 채 못가서 삼거리가 나온다. 왼쪽으로 꺾으면 월미도, 곧장 가면 북성포구, 오른쪽은 만석고가 밑 철길이다. 그 삼거리 북성포구 입구에 인천상륙작전 기념비가 서 있다. 인천상륙작전 기념비는 3개가 있다. 1950년 9월 15일 새벽 만조 시간에 맞추어 미 해병대는 3개 팀으로 나누어 상륙작전을 펼쳤다. 제5연대 1대대와 2대대는 레드비치(북성포구 입구 삼거리)를, 5연대 3대대는 그린비치(월미도 문화의 거리)를, 제1연대는 블루비치(낙섬사거리 근처)를 상륙지점으로 잡았다. 이 작전에는 우리 해병대원들도 참여했다.

기념비가 있는 삼거리에서 곧장 가는 좁은 골목길을 5분 정도 걸으면 북성포구가 나온다. 공장 지대에 둘러싸인 북성포구는 아슬아슬하게도 물길이 막히지 않았다. 노을이 질 때 북성포구에 간 여행자라면 누구나 사진작가가 된다. 포장마차 같은 식당가도 작게 형성되어 만조 때면 찰랑거리는 바닷물 위에서 음식을 먹는 특별한 경험을 하게 한다.

한국이민사박물관은 인천해사고등학교 건너편에 있다. 월미공원 정문에서 왼쪽 도로를 따라 20~30분 걸어야 한다. 바다열차를 타면 쉽게 갈 수 있다. 인천은 우리나라 최초의 공식 이민선이 미국 하와이를 향해 출발한 장소다. 그 장소에 우리 이민의 역사를 한데 모아 전시해 놓았다.

월미도를 찾는 이들이 꼭 들르는 문화의 거리는 월미도 친수공간이라고 할 수 있다. 바다와 놀이시설이 어우러져 혼자서 가도 어색하지 않게 즐거운 시간을 보낼 수 있다.

월미산 산책길은 오르기에 어렵지 않다. 꼭대기 전망대에서는 시원스럽게 펼쳐진 월미도 주변 풍경을 감상할 수 있다. 이 월미산이 9 · 15상륙작전 때 산 높이가 낮아질 정도로 심하게 폭격을 당했다고 한다. 그때 포화 속에서도 살아남은 나무들 중 몇 그루는 아직도 몸에 포탄 파편을 품고 있다. 인천시는 이들 나무를 '평화의 나무'라 이름 지어 관리하고 있는데, 산책로를 걷다보면 만날 수 있다. 월미공원 전통정원 인근 마을 사람 100여 명도 상륙작전 때 미군의 네이팜탄과 기총소사로 희생되었다. 이곳을 지날 때는 그분들의 명복을 빌어 드리자.

인천 인문여행 #4

90년의 세월이 겹쳐지는 순간, 소래포구

● 소래역사전시관 → ● 소래철교 → ● 소래어시장 → ● 소래습지생태공원 → ● 인천대공원

소래포구에 가면 우리나라 최초의 협궤용 증기기관차와 현대식 전철이 교차하는 모습을 볼 수 있다. 소래역사전시관 앞마당에 놓인 증기기관차의 머리는 새로 뚫린 수인선 철로를 향하고 있다. 수인선 전철이 오가는 시간에 맞추어 이 증기기관차의 뒷부분에 서 있으면 그 교차점을 포착할 수 있다. 짧게는 40년, 길게는 90년의 세월이 겹쳐지는 순간이다.

1927년 제작된 이 증기기관차는 1937년 8월부터 수원역~남인천역 간 52킬로미터의 수인선을 달렸다. 디젤기관차가 나온 1978년 여름까지 운행했고, 수인선은 1995년 12월 31일 멈췄다. 이 증기기관차는 한때 대관령휴게소에 전시되어 있다가 2008년 7월 소래역과 가까운 이곳에 자리를 잡았다.

소래역사전시관은 소래포구 주변을 둘러보기 위한 사전답

사지라고 할 수 있다. 포구에 모여 사는 사람들의 생활상 변천과 수인선에 얽힌 애환, 소래염전에서 소금 내던 이야기 등 다양한 내용을 미리 훑어볼 수 있게 꾸며 놓았다.

소래포구에 왔다면 소래철교를 꼭 건너볼 필요가 있다. 인천 남동구 소래포구와 경기도 시흥시 월곶을 연결하는 소래철교는 옛 수인선 열차가 다니던 철로다. 수인선 운행이 중단되면서 사람들이 걸어 다니는 철길이 되었다. 바닷물이 드나드는 철교 위를 처음 올라선 이라면 약간의 무서움에 오금이 저리는 느낌과 짜릿함을 동시에 맛볼 수 있다. 철교 바로 옆에는 19세기 후반 외국 선박을 막기 위해 설치한 장도포대지도 보존되어

소래포구 증기기관차와 전철.

있다. 예전에는 포가 3기나 있었다고 한다.

소래어시장은 팔딱팔딱 숨을 쉰다. 생물이건 건어물이건 대부분 수산물을 좌판에 내놓고 판다. 배가 들어오는 현장에 있는 어시장이니 당연히 손님들은 물건에 신뢰를 보낼 수밖에 없다. 참으로 살 것도 많고 먹을 것도 많아 여행자의 주머니는 자꾸 가벼워지고 보따리는 이것저것 늘어난다.

소래습지생태공원은 포구에서 살짝 떨어져 있다. 고속도로 아래 굴다리를 건너가야 한다. 먼저 자전거 빌려주는 곳이 눈에 띄고 주차장은 넓다. 생태공원 입구에는 다리가 하나 있다. 소염교. 이름처럼 소래염전으로 가는 다리다. 생태공원은 예전에 염전이었다. 이곳에 처음 다리가 생긴 건 1933년. 이듬해에 소래염전에서 생산된 소금을 소래역까지 운반하기 위한 철로가 이 다리에 부설되었다고 한다. 염전은 1996년 문을 닫았지만, 다리는 몇 차례 변신을 거쳐 살아남았다.

소래습지생태공원은 아파트단지가 가득한 도심 속 허파라고 할 만하다. 갯골로 바닷물이 드나드는 것도 지켜볼 수 있고, 나문재 같은 염생식물도 드넓게 펼쳐져 있다. 괭이갈매기, 흰뺨검둥오리, 저어새, 개개비, 방울새, 붉은발도요 등 그 이름도 낯선 새들을 철따라 만날 수 있다. 포구와 갯골, 나문재 밭을 거쳐 오는 바람은 얼마나 짭조름한지. 생태전시관, 전망대, 해수족욕장, 갯벌체험장, 염전관찰데크, 탐조대, 쉼터 등 시설이 다양하다. 관람용 염전에 가면 토판土板(1955년 이전 소금 결정지

구조), 옹패판(1955~1980년대 초), 타일판(1980년대 초~현재) 등 결정지 바닥의 변천과 염전에서 쓰던 온갖 기구들이 어떻게 생겼는지도 살필 수 있다.

이곳은 특히 자전거 코스로 이름이 높다. 자전거를 타고 8킬로미터 떨어진 인천대공원까지 다녀오는 것도 추천코스다. 인천대공원에도 볼거리가 많다. 동물원과 수목원, 목재 체험관, 반려동물 놀이터까지 갖춰 놓았다. 백범광장에 들러 아들 백범과 그 어머니 곽낙원 여사의 동상을 한꺼번에 돌아볼 수 있다.

인천 인문여행 #5

배다리에서 인천의 옛 모습을 만나다

● 수도국산 달동네박물관 → ● 인천양조장 → ● 배다리성냥마을박물관 → ● 헌책방거리 → ● 조흥상회 건물

수도국산 달동네박물관을 먼저 들렀다가 20분쯤 걸어 배다리로 가면 이 동네의 옛 모습을 자세히 볼 수 있다. 약간 높은 언덕 같은 수도국산은 인천 최초의 상수도 시설인 송현배수지가 있어 그런 이름이 붙었다. 노량진 정수장에서 여기까지 물을 끌어와 수돗물을 공급했다. 달동네박물관은 인천 구도심, 특히 동구 지역의 1970년대 어름의 생활상을 그대로 재현해 놓았다.

창영초교에서 배다리 헌책방삼거리 쪽으로 가다보면 왼편으로 옛 인천양조장 건물이 보인다. 바깥에는 커다란 양철 로봇이 지키고 있다. 스페이스 빔이라는 지역 문화단체가 쓰고 있다. 헌책방삼거리에서 100여 미터 떨어진 곳, 동구청 방향으로 성냥박물관이 있다. 규모는 아주 작지만 우리나라 성냥 산업의 역사를 집약해서 보여주는 공간이다.

배다리 헌책방거리에 활기가 돌고 있다. 1970년대부터 이곳에서 헌책방을 지켜온 아벨서점 곽현숙 사장을 비롯한 마을 주민, 동구청, 특히나 이곳을 찾아주는 손님들이 합작해 일궈낸 결과다. 동구청은 배다리의 외관부터 바꾸기 위해 많은 사업비를 투입하고 있다. 식당과 각종 공방이 들어서고 카페들도 잇따라 문을 열고 있다.

헌책방에 들어가면 책장에 꽂힌 책이 나를 부르는 신호에 감전될 때가 있다. 사고 싶은 책을 마음에 두고 있었는데, 그 책과 딱 눈이 맞는 순간이다. 인터넷 서점에서는 경험하기 어려운, 헌책방이 주는 신비로운 체험이다.

헌책방거리에서 동인천역 방향으로 오른쪽 모서리를 돌아가면 1950년대 유명 잡화점이었던 조흥상회 건물이 있다. 청산별곡(본명 권은숙) 등 여러 사람의 노력으로 되살려낸 이 건물에는 나비날다 책방 등 작은 서점과 전시장이 들어섰고, 지금은 문화유산국민신탁에서 매입해 공공재로 탈바꿈할 도약을 준비 중이다.

인천 인문여행 #6

진짜 신도시 탐험, 송도국제도시

● G타워 → ● 센트럴파크 → ● 인천도시역사관 → ● 인천대학교 → ● 솔찬공원

송도는 진짜 신도시다. 바다를 막은 뒤 매립해 땅을 다지고 그 위에 도시를 세웠다. 사람이 살기 시작한 지 20년 정도 되었으니 지금 송도 주민들이 1세대라고 할 수 있다.

송도 여행의 첫 번째 코스는 G타워로 잡는 게 좋다. 송도 신도시를 한눈에 내려다볼 수 있다는 장점 때문에 관람객이 끊이지 않는 곳이다. 33층 건물인 G타워는 외양부터 남다르다. 상층부 남쪽 면이 마치 새가 입을 벌리고 있는 것 같이 생겼다. 바로 그 새의 입 안에 해당하는 공간이 송도를 바라볼 수 있는 전망대다. 맨 위층 인천경제자유구역(IFEZ) 홍보관에서도 조망할 수 있다. 2019년 1년 동안 33층 홍보관 이용객이 29만여 명이었다.

G타워에는 국제기구가 많이 들어서 있다. 2020년 1월 기

준으로 총 13곳이 입주해 있는데 GCF(녹색기후기금)와 같은 환경 기구가 많다. 유엔 아 · 태경제사회위원회 동북아지역 사무소(UNESCAP SRO-ENEA) 등 UN 산하 기구도 9곳이나 들어와 있다. G타워의 G는 GCF에서 따왔다. 우리나라가 아시아 최초로 대규모 국제기구 사무국을 송도에 유치한 것을 기념하는 의미에서 건물 이름을 그렇게 고쳤다. 그 전에는 인천의 영문 이니셜 첫 글자를 딴 아이타워(I-Tower)였다.

센트럴파크는 G타워에서 5~10분 걸어갈 거리에 있지만, 센트럴파크를 빙 둘러 걷는 데는 1시간 정도 걸린다. 센트럴파크에 아이들을 데리고 왔다면 보트장을 그냥 지나칠 수 없을 것이다. 보트장 물길은 G타워 근처에서 센트럴파크 동쪽 끝인 쉐라톤호텔 부근까지 1.8킬로미터나 이어져 있다. 센트럴파크 면적은 31만 제곱미터로 꽤 넓은 편이다. 거기에 바닷물을 끌어들여 수로를 만들었다. 원래 바다였던 곳을 매립해 도시를 만들고, 다시 바닷물을 채워 색다른 볼거리를 만들어낸 것이다. 여기서 즐길 수 있는 뱃놀이도 다양하다. 수상택시부터 파티보트, 카약, 카누 등 갖가지 수상 프로그램을 마련해 놓고 있다. 혼자 보드 위에 서서 노를 저어 나가는 SUP(Stand Up Paddle Board)와 패들보드 위에서 요가를 하는 요가쿠아도 맛볼 수 있다.

인문여행자라면 센트럴파크에서 인천도시역사관 관람도 필수 코스로 잡아야 한다. 인천의 옛 모습과 관련된 기획전시를 연중으로 진행하고 있다.

센트럴파크에서 바다가 있는 남쪽으로 20여 분 걸어가면 인천대학교가 나온다. 송도에 자리잡은 지는 10년여밖에 안 되지만 우리 현대사의 질곡이 짙게 스민 교육기관이다. 사립과 공립, 국립을 다 거친 국내 유일의 대학이다.

인천대학교 앞 솔찬공원은 송도 신항과 LNG 인수기지를 마주하고 있는데, 인천 시내에서 바닷가에 조성된 몇 안 되는 공원 중 하나다. 핵심시설은 가설물인 인천대교 제작장과 카페 겸 문화예술 공간을 하나로 꾸며 놓은 케이슨24이다. 인천대교 교각을 만들던 제작장은 바다 쪽으로 폭이 30미터가 넘고, 길이는 400미터에 달한다. 바다 위에 떠 있는 이 거대한 철판 구조물은 2005년에 설치되었고, 인천대교 건설이 끝나면 해체하려고 했던 것인데, 바닷가 전망이 좋다는 입소문에 사람들이 몰리는 핫 플레이스가 되면서 아직도 그대로 두고 있다. 케이슨24는 문화와 예술이 흐르는 휴게공간을 꾸미겠다는 운영자의 톡톡 튀는 아이디어로 사람들을 끌어 모은다.

인천 인문여행 #7

경인아라뱃길은 자전거로 달려야 제맛

● 정서진 → ● 아라자전거길 → ● 국립생물자원관 → ● 드림파크 야생화단지 → ● 청라중앙호수공원

남북 분단으로 한강 하류를 이용할 수 없게 되자 육지로 막혀 있던 서울과 인천 앞바다 사이를 뚫어 물길로 이은 것이 경인아라뱃길이다. 사람들은 경인운하라고 부른다. 여름철마다 홍수 피해를 겪던 부평 지역 굴포천 물을 서해로 흘러가게 하자는 방수로 사업이 1980년대 후반 추진되었는데, 경인운하 사업은 그 연장선상에서 시작되었다.

서울 강서구 개화동에서 인천 서구 오류동을 연결하는 18킬로미터 물길은 2012년 5월 개통되었다. 우리나라 첫 현대식 운하로 꼽히는 경인아라뱃길은 수많은 논란 속에 추진되었으나 그 목적에 비추어 아직 이렇다 할 성과를 얻지는 못하고 있다. 아라여객터미널이 있는 곳이 정서진이다. 강원도 정동진의 대칭 개념으로 지어진 이름이니 인천 입장에서 생각하면 기분 좋은 이름은 아니다. 조선시대 왕을 기준으로 좌 · 우 개념을 잡던 것과 무엇이 다른가.

경인아라뱃길은 자전거 타기를 좋아하는 사람들에게는 그야말로 환상의 코스를 제공한다. 물길을 따라 양편으로 곧장 쭉 뻗은 자전거길이 김포반도를 가로질러 이어지니 이보다 더 좋은 곳이 있을까. 이름하여 아라자전거길이다.

아라뱃길을 따라 가다보면 수변공간이 아름다워 가족소풍 장소로 제격인 시천가람터가 나오고, 뱃길 절벽 위에서 물길 안쪽으로 뻗치게 세운 전망대 아라마루도 만나게 된다. 아라마루는 까마득한 물길을 내려다보기에 아찔하면서도 짜릿한 즐거움을 준다. 계양산까지 가면 한여름 무더위를 싹 날려버릴 높이 45미터의 아라폭포에서 쏟아지는 거센 물줄기를 몸으로 만날 수 있고, 좀 더 가면 한국식 정원 수향원이 나타난다. 수향루라는 누각도 있는데, 그 생김새가 경복궁 경회루를 빼다박았다.

아라뱃길 주변에는 환경 관련 국가기관들이 여럿 들어서 있다. 그중에 국립생물자원관이 특별히 볼 만하다. 한반도 자생생물과 희귀종 등 다양한 생물을 구경할 수 있다. 평소에는 보기 힘든 생물 관련 기획 전시도 자주 마련한다. 수도권매립지 드림파크에는 야생화단지가 꾸며져 있다. 5월부터 10월까지 온갖 꽃들이 자태를 뽐낸다. 자연학습 관찰지구, 야생초화원, 습지관찰지구 등을 두루 구경하려면 시간을 많이 투자해야 한다.

아라뱃길까지 왔다면, 청라국제도시 중앙호수공원을 찾는

것도 괜찮다. 자전거나 승용차로 이동해야 한다. 75미터까지 올라가는 초대형 음악분수가 색다른 볼거리를 제공하고, 공원이 어찌나 큰지 순환 산책로가 4.3킬로미터나 된다.

인천 인문여행 #8

강화성 안에서의 역사여행

● 고려궁지 → ● 대한성공회 강화성당 · 용흥궁 → ● 강화성 남문 → ● 황씨 고택(김구 방문지) → ● 조양방직

강화도는 인문여행의 진수를 맛볼 수 있는 몇 안 되는 곳이다. 선사시대부터 삼국, 고려, 조선, 현대까지 우리의 모든 역사를 온전히 품어 안고 있어 역사여행 코스로 이만한 곳이 없다. 명성 높은 문화예술인들이 많이 살아서인지 박물관과 미술관도 많다. 바닷가에는 풍광 좋은 해변이나 돈대 같은 볼거리가 넘치고 볼 만한 사찰도 한두 곳이 아니다.

강화도를 걸어서 인문여행하기에 좋은 곳은 강화성 안이다. 첫 번째 코스는 고려궁지다. 고려궁지에는 고려의 것은 없고 외규장각 같은 조선시대 것만 복원해 놓았다. 고려 때 몽골과 전쟁을 끝내면서 궁궐이며 성곽이며 40년을 버틴 모든 시설물을 모조리 헐어버린 데다 그 폐허 같은 땅에 조선시대에 각종 시설물을 새로 지었기 때문이다. 고려궁지 언덕 위에 올라

강화 읍내를 바라보면 고려의 향기가 코끝을 간질이는 느낌을 받기는 한다. 개성에서 강화로 도읍을 옮기고 궁궐을 지을 때 고려는 개성의 궁궐을 그대로 본떠 건축했다고 한다. 고려궁지 뒷산인 북산의 명칭도 개성의 송악산으로 불렀을 정도다. 고려궁지는 고려와 조선의 관청들이 중첩된 공간이다.

고려궁지에서 내려와 1896년에 개교했음을 자랑스럽게 여기는 강화초등학교를 지나면서 왼쪽으로 5분 정도 가면 언덕 위에 기와집이 나온다. 성공회 성당이다. 기와지붕이 바로 대한 성공회 강화성당의 특징이다. 1900년 고요한(존 코프) 주교가 지었다. 당시 궁궐 공사를 담당하던 목수의 우두머리인 도편수가 이 성당 건축을 주도했다. 외양은 우리 전통 양식을 따랐지만 실내는 서양식으로 만들었으니, 동서양 융합 건물이라고 할 수 있다.

강화성당 바로 아래가 강화도령 철종이 등극하기 전 19세까지 살았던 용흥궁이다. 모반사건과 천주교 탄압 등으로 부모 형제를 대다수 잃고 강화에서 농사짓던 철종은 조선 제25대 왕으로 14년 6개월을 살았다. 용흥궁은 원래 초가집이었는데 철종이 왕위에 오른 뒤 기와집으로 고치고 궁으로 이름을 붙였다. 용흥궁의 흥이 흥할 흥興 자인데, 재위 기간 내내 왕도 나라도 흥하지 못하고 기울어만 갔다.

강화성 남문은 용흥궁에서 걸어 20분 정도 거리에 있다. 강화군청 앞 서울 가는 도로인 강화대로를 건너야 한다. 고려의 대몽항쟁 시기에 지어졌다가 헐리고, 조선시대에 다시 쌓았다가 병자호란 때 또 파괴되고, 다시 고쳐 쌓고, 물난리에 무너지고, 또 다시 복원하며 민족의 흥망성쇠를 잘 보여주는 장소다. 바깥 쪽에는 강도남문江都南門, 안쪽에는 안파루晏波樓라고 쓴 현판이 걸려 있다. 이 글씨는 복원 작업이 진행될 때 국무총리였던 김종필 씨가 썼다고 한다.

남문에서 읍내 쪽으로 5분쯤 가면 김구 선생이 해방 직후 방문했던 고택이 있다. 황씨 고택이라고도 한다. 카페 남문로 7에 가려 밖에서는 잘 보이지 않고, 카페 입구로 들어서야 고택이 비로소 모습을 드러낸다. 카페에서 전통차를 마시면서 김구 선생을 생각하는 것도 나름 운치가 있다.

김구 방문 고택을 나와 강화성 서문 쪽으로 길을 잡아 10여 분만 가면 강화읍내에서 서울 사람들로 가장 붐빈다는 조양방직이 나온다. 서울의 경성방직보다도 3년 빠른 1933년에 세웠다는 조양방직은 아직도 그 외양을 간직하고 있다. 무너져가던 것을 카페 겸 전시장으로 멋지게 탈바꿈시켰다. 우리나라에 남아 있는 가장 오래된 공장 건축물이라고 할 수 있다.

인천 인문여행 #9

강화성 밖에서의 역사여행

● **강화역사박물관** → ● **강화전쟁박물관** → ● **연미정** → ● **전등사** → ● **삼광성**

강화도 읍내 이외의 여행은 강화역사박물관에서 시작하는 게 좋다. 선사시대부터 근현대까지 강화도의 역사를 한 줄로 꿰어 놓고 있다. 바로 옆에는 강화자연사박물관이 있다. 국내 최대 크기의 향유고래 표본을 전시해 놓았는데, 2009년 강화군 서도면 볼음도에 좌초되어 죽은 것이라고 한다. 두 박물관 건너에는 부근리 고인돌 공원이 있다. 앞에는 이곳이 연개소문 유적지임을 알리는 커다란 비석도 서 있는데, 고구려 연개소문이 강화도 고려산 자락에서 태어났다는 이야기가 마을 이름 등을 통해 전해진다.

강화대교 쪽으로 다시 돌아와야 하므로 자연스러운 동선은 아니지만, 강화전쟁박물관에는 꼭 가봐야 한다. 전쟁의 섬 강화는 고려시기 여몽전쟁에서부터 임진왜란, 정묘호란, 병자호란, 병인양요, 신미양요, 한국전쟁 등 한반도 전쟁의 상당부분과 관련이 깊다. 전쟁박물관은 이들의 역사를 고스란히 보여준다. 박물관 밖의 갑곶돈대는 그 현장이다. 입구 오른쪽에 자리한 인천에서 가장 큰 비석군도 놓치면 안 된다.

연미정 가는 길은 해안도로다. 바다는 철책 너머로 보인다. 연미정 근처 민간인 통제구역에서는 검문도 받아야 한다. 월돗돈대의 정상부가 연미정인데, 500년 넘었다는 커다란 느티나무가 손님을 맞는다. 원래는 연미정 양쪽에 두 그루가 있었는데 하나가 2019년 9월 태풍 링링에 희생되고 말았다. 돈대 바깥에서는 우리 해병대원들의 눈매가 날카롭다. 여행객들의 사진 촬영도 통제한다. 저 멀리로는 한강과 임진강이 만나서 김포반도 앞을 거쳐 염하의 물과 다시 합류하는 지점에 유도留島가 떠 있다. 남북 중립 수역인 유도 너머는 북한 개풍 지역이다.

연미정에서 전등사까지는 승용차로 30분 거리다. 고구려 소수림왕 때 창건된 전등사는 우리나라에서 가장 오래된 절이면서 강화에서 규모가 가장 큰 사찰이다. 지정 문화재가 17점이나 된다. 전등사의 템플스테이를 찾는 내외국인이 많다. 전등사 입구는 삼랑성 성문과 겹친다. 삼랑성은 단군의 아들들이 쌓았다는 성으로, 정족산성이라고도 한다. 삼랑성 안 전등사 가는 길에는 병인양요 때 프랑스군을 물리친 양헌수 장군의 승전비가 있다. 전등사 주변에는 광성보, 덕진진, 초지진 등 역사 유적이 많다.

찾아보기

키워드로 읽는 인천

ㅊ ㅋ ㅌ

ㅍ ㅎ

기타

여행자를 위한
도시 인문학

초판 1쇄 발행 2020년 7월 22일

지은이 정진오
펴낸이 박희선

편집 채희숙
디자인 디자인 잔
사진 정진오, shutterstock

발행처 도서출판 가지
등록번호 제25100-2013-000094호
주소 서울 서대문구 거북골로 154, 103-1001
전화 070-8959-1513
팩스 070-4332-1513
전자우편 kindsbook@naver.com
블로그 blog.naver.com/kindsbook
페이스북 facebook.com/kindsbook
인스타그램 instagram.com/kindsbook

ISBN 979-11-86440-58-2 (04980)

* 이 도서의 국립중앙도서관 출판예정도서목록(CIP)은 서지정보유통지원시스템 홈페이지(http://seoji.nl.go.kr)와 국가자료공동목록시스템(http://www.nl.go.kr/kolisnet)에서 이용하실 수 있습니다.(CIP제어번호: CIP2020028049)